익숙한 것들의 마법, 물리 1

익숙한 것들의 마법,

물리 1

우·주·사·이 01

황인각 글·그림

물질의 상태

촛불과 분자속도

에어프라이어의 원리

본다는 것의 의미

렌즈를 이용한 은폐 기술

엔트로피와 시간

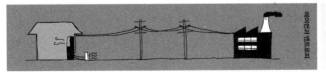

에어컨과 엔트로피

곰출판

청명한 하늘과 싱그러운 나뭇잎, 그 사이를 흐르는 바람.
이들은 어떻게 여기에 존재하고 있을까요?
매일 먹는 밥, 저절로 굴러가는 자동차, 밤을 밝히는 전기.
이 모든 것은 어떻게 우리에게 주어졌을까요?

물리는 만물(物)의 이치(理)를 다루는 학문이라고 합니다. 그러나 학교에서 물리를 배우면서 이치를 깨닫고 감탄하는 사람들은 드뭅니다. 왜 그럴까요? 그것은 과거의 천재들이 정리해놓은 과학 법칙을 부지런히 습득하고, 그 법칙을 적용해 문제를 푸는 데만 급급하기 때문입니다. 우리는 스스로 궁금해서 탐구하거나 자신만의 법칙을 만들어본 적이 별로 없습니다.

공원에 가보면 왕성히 활동하는 과학자들을 볼 수 있습니다. 오리 뒤를 따라다니고, 연못에 돌멩이를 던져 둥그렇게 퍼지는 물결을 관찰하고, 막대기를 집어넣어 수심을 가늠하는 아이들입니다. 하지만 학교에 들어가는 순간 이 아이들은 아이러니하게도 그 탐구심을 잃어버립니다.

저 역시 물리를 전공한 지 한참이 지나서야 과학의 진정한 의미에 눈을 뜨고, 자연이 들려주는 메시지에 귀를 기울이게 되었습니다. 제가 발견한 이야기를 과학에 물리고 실망한 이들과 나누고자 다양한 수업을 시도해보았고, 그 결과 학생들이 다시 어린아이처럼 눈을 반짝이며 질문을 쏟아내고 열렬히 토론하는 모습을 볼 수 있었습니다. 이 책은 다양한 전공의 학생들과 함께했던 대학 교양 수업과, 전 연령층을 대상으로 한 K-MOOC 강좌 내용의 전반부를 담고 있습니다(후반부는 별도의 책으로 나올 예정입니다).

이 책은 몇 가지 측면에서 기존의 과학 교양책과 다릅니다.

첫째, 이 책의 목적은 독자들에게 '물리' 자체를 가르치기보다 우리의 일상 세계가 어떻게 움직이는지 보여주는 데 있습니다. 물리학은 세상을 바라보는 하나의 틀이자 도구입니다. 그런 점에서 이 책은 여러분 주위의 공기와 소리, 물과 불, 햇빛과 나무, 스마트폰 등에 주목합니다.

둘째, 많은 과학 교양서들이 일반인을 대상으로 쓰였다지만 전공자인 제가 보기에도 이해하기 벅찬 내용들이 많고, 적절한 수준의 교양서적을 찾기가 쉽지 않은 것이 현실입니다. 그래서 여기서는 중학생 정도의 과학 지식만 있으면 이해할 수 있도록 전문용어는 가능한 삼가고 일상적인 언어와 그림, 예시를 많이 사용했습니다.

셋째, 이 책은 새로운 지식을 전달하기보다는 이미 들어본 적 있는 내용을 곱씹어보도록 안내합니다. 왜냐하면 우리가 가볍게 배우고 지나친 사실 하나하나가 실은 굉장히 의미심장하고, 우리로 하여금 세상을 새롭게 바라보도록 만들기 때문입니다.

제 수업에 참여한 학생들의 반응과 수백 개의 질문, 열띤 토론이 이 책을 만드는 귀중한 자료가 되었고, 《어디서나 무엇이든 물리학》(이기영 지음)이 강의의 줄기를 잡는 데 큰 역할을 해주었습니다. 이 자리를 빌려 학생들과 이기영 교수님께 감사드립니다.

우리가 살아가는 이 세계가 얼마나 멋지고, 신비롭고, 놀라운지 재발견하기를 바라는 마음으로 이 책을 썼습니다. 매일 반복되어서 이젠 너무나 익숙해져버린 것들 안에도 마법 같은 놀라운 일들이 일어나고 있음을 보게 될 것입니다.

2021년 2월
황인각

차례

들어가는 말   5

1장 불   1. 불의 정체   14
             2. 놀라운 발명품   25

2장 공기   1. 공기의 존재감   36
             2. 기압이 변할 때   44
             3. 대기압의 크기   52
             4. 대기의 역할   62

3장 물

1. 물 분자 네트워크   70

2. 얼음, 물, 수증기   79

3. 물에 뜨는 얼음   88

4. 부력의 원인   95

5. 물이 투명한 이유   101

6. 물로 만든 보석   108

4장 열

1. 온도란   120

2. 온도가 변할 때 일어나는 일들   134

3. 퍼져가는 열   144

4. 냉방기의 원리   161

5. 엔트로피   172

6. 엔트로피와 삶   194

5장 에너지

1. 에너지의 발견   208

2. 에너지의 변환과 보존   218

3. 에너지의 근원, 태양   230

4. 원자력에너지   241

5. 적정기술   251

6장 빛

1. 빛의 정체   264

2. 빛 만들기   278

3. 색에 속다   288

4. '본다'는 것의 의미   297

5. 광통신   314

7장 식물   327

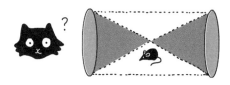

1장

불

1
불의 정체

와! 촛불이다. 선생님, 전 촛불만 보면 기분이 좋아요. 노란 불빛이
흔들리는 모습을 보면 왠지 마음이 편안해지거든요.

익숙한 것들의 마법, 물리 1

불은 놀라운 존재입니다. 과학적으로 보더라도 그 안에는 신비한 일들이 많이 숨겨져 있죠. 인류가 맨 처음 불을 본 순간을 상상해 보세요. 들판에 번개가 쳐서 자연적으로 일어난 불이 아마도 그들이 본 최초의 불이었을 거예요. 그 불을 보면서 어떤 느낌이 들었을까요?

노랗고 뜨거운 물체가 움직이니까 신기하기도 하고, 어쩌면 괴물 같아서 무서웠을 수도 있겠네요. 태양 한 조각이 떨어져 땅에 내려왔다고 생각했을 수도 있고요.

그럴 수 있겠군요. 그럼 무서운 들불 대신 작고 귀여운 촛불을 찬찬히 들여다볼까요? 태어나서 불이라는 것을 처음 보았다고 생각해 보세요. 무엇이 보이나요? 그리고 어떤 의문이 드나요?
(여러분도 촛불을 관찰하면서 적어보세요.)

전 이렇게 적어봤는데, 써놓고 보니 유치한 것 같아요.

불꽃이 살아 있는 것 같다.   왜 노란 빛이 날까?
바람에 따라 흔들린다.   왜 주위가 따뜻해질까?
맘이 편안해진다.   불을 만질 수 있을까?
불꽃 밑에 액체가 고여 있다.   왜 초는 천천히 탈까?

질문에는 고상하고 유치한 게 따로 없어요. 자신이 진짜 궁금한 것을 솔직하게 묻는 것이 가장 훌륭한 질문이죠.

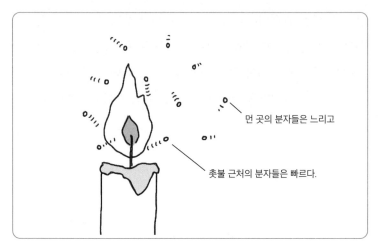

먼 곳의 분자들은 느리고

촛불 근처의 분자들은 빠르다.

촛불과 분자 속도

선생님 얘기를 들으니 안심이 돼요. 진짜 궁금한 걸 적었거든요.

그리고 고백하건대, 저런 질문에 명쾌하게 대답하는 것은 결코 쉬운 일이 아니에요. 제 손에 지금 땀이 나고 있거든요.

에이, 설마요. 선생님이 저런 기본적인 것을 모를 리가 없잖아요.

후후. 두고 보면 알겠죠. 일단 질문 가운데 "왜 빛이 나고, 하필 그 빛이 노란지" 설명하기는 쉽지 않으니 그건 이 책의 후반부(6장)에서 설명할게요.
먼저 "왜 주위가 따뜻해질까?"에 대해 설명해보죠. **'따뜻하다'는 것은 주변의 분자들이 빠르게 운동하고 있다는 뜻입니다.**

분자요? 어떤 분자요?

아무것도 만지지 않고 단지 촛불 옆에 다가기만 했는데도 뜨겁다면, 이는 촛불 주변의 공기 분자가 빠르게 움직인다는 뜻이죠.

그럼 촛불에서 멀리 떨어진 곳의 공기 분자는 빠르지 않고, 촛불 근처의 공기 분자만 빠르다는 말인가요?

네. 사실 멀리 떨어진 곳의 공기 분자도 충분히 빠르긴 한데, 촛불 근처로 갈수록 더 빨라져요.

재미있네요. 촛불이 분자들을 쳐내는 방망이도 아닌데, 그 근처에만 가면 빨라지다니.

촛불이 분자들을 쳐내는 방망이? 훌륭한 비유네요!
처음부터 찬찬히 설명해볼게요. 공기가 눈에 보이지 않는 아주 작은 분자들로 이루어진 것처럼 양초 역시 분자들로 이루어져 있는데, 이들을 '파라핀 분자'라고 부릅니다(18쪽 그림).

가운데 까만 것이 탄소 원자, 그 주변에 붙은 작은 공이 수소인가요?

네. 그리고 엄청나게 많은 수의 파라핀 분자들이 모여 있으면 그게 양초 조각이 됩니다. 파라핀 분자끼리는 서로 달라붙는 힘이 약해

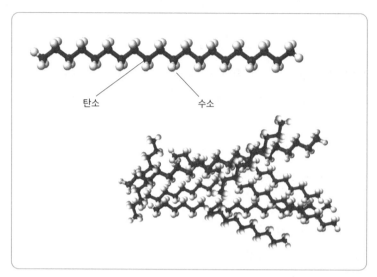

탄소   수소

파라핀 분자와 그 무더기

요. 양초를 손톱으로 누르기만 해도 쉽게 쪼개지는 이유가 그거죠. 그러나 파라핀 분자 내부의 탄소-탄소나 탄소-수소의 결합은 꽤 강한 편이라 가로 방향으로는 쉽게 절단되지 않습니다.

처음에 고체였던 양초가 따뜻해지면 파라핀 분자가 자유롭게 움직이면서 액체 상태가 되고, 온도가 더 올라가면 파라핀 분자끼리 완전히 분리되면서 기체 상태가 되어 공중으로 떠오릅니다. 우리가 촛불을 끄면 잠시 동안 하얀 연기가 피어오르는 것을 볼 수 있는데, 그것이 바로 기체 상태가 된 파라핀입니다.

파라핀도 물과 마찬가지로 고체, 액체, 기체 상태를 거치는군요.

기체 상태가 되어 낱개로 돌아다니는 파라핀을 향해 다른 분자들, 예를 들어 산소 분자가 빠른 속도로 달려와서 강하게 때리면 어떻게 될까요?

때리는 충격이 크면 탄소와 수소 사이의 결합이 끊어지나요?

그래요. 뿐만 아니라 파라핀에 부딪힌 산소 분자도 두 개의 산소 원자로 분리됩니다. 분리된 원자들을 가만 내버려두면 다시 원래대로 탄소-수소, 산소-산소 결합으로 돌아가기도 하지만, 그보다는 산소-탄소-산소(이산화탄소), 수소-산소-수소(물)로 결합될 가능성이 더 커요.

왜 그렇죠?

탄소와 수소, 산소와 산소는 서로 결합해서 '비교적 안정된' 상태를 이룹니다. 달리 말하면 자기들끼리 결합하기 좋아해서 떨어지기 싫어한다는 것입니다. 하지만 산소-탄소-산소(이산화탄소), 수소-산소-수소(물)는 더 만족스런 결합이며, '매우 안정된' 상태라고 할 수 있습니다. **이렇게 파라핀 분자가 산소와 만나서 이산화탄소와 물로 바뀌는 것을 두고 '초가 탄다' 또는 '연소'라고 말합니다.**

그렇다면 연소라는 것은 '비교적 안정된' 상태의 물질이 '매우 안정된' 상태의 물질로 바뀌는 과정인 셈이네요?

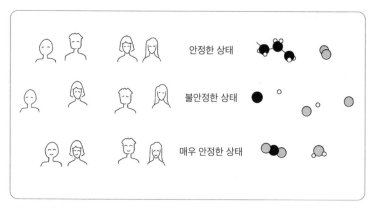

안정-불안정 관계

훌륭하게 정리했네요. 대부분의 화학반응이 그런 방식으로 일어납니다. 다만, 연소는 화학반응 중에서도 산소가 관여하는 매우 과격한 반응인 셈입니다.

'비교적 안정된' 물질이 '매우 안정된' 물질로 바뀌는 과정은 친구 관계에서 일어나는 일과도 비슷합니다. 여기에 서로 절친인 남자들과 절친인 여자들 두 쌍이 있다고 해봅시다. 이들은 함께 있는 것을 좋아해서 서로 떨어지기 싫어합니다. 그러다가 외부 충격에 의해 절친들이 모두 헤어져 홀로 있게 되면 불안정한 상태에 이릅니다.

'비교적 안정된' 친구 사이가 갈라지고, 대신 남녀끼리 만나서 '매우 안정된' 상태가 된다는 거죠?

맞아요. 이들은 과거보다 훨씬 더 안정된, 더 만족스런 상태가 되는 것이지요. 불에서는 이렇게 '고통스런 분리' → '홀로 있음' → '더 완전한 결합'의 과정이 진행됩니다.

그래서 불같은 사랑이라고 하나 봐요.

오, 그렇게 연결되는 줄은 몰랐네요.

앞에서 선생님이 불이란 건 산소-산소 분자가 강하게 달려와서 파라핀 분자를 때릴 때 생겨나는 거라고 하셨잖아요. 그럼 불이 유지되려면 누군가가 계속해서 산소 분자들을 세게 날려주어야 한다는 건가요?

이제 그 부분을 설명해야겠네요. 어느 정도 안정된 분자를 분리하는 데는 강한 충격 또는 에너지가 필요하지만, 원자들이 다시 결합해 더욱 안정된 분자가 만들어질 때는 이들의 속도가 한층 더 빨라집니다.

아니, 왜요? 속도가 느리고 차분한 쪽이 '안정된' 분자에 어울릴 것 같은데요.

영화에서 두 연인이 멀리서 알아보고 서로를 향해 달려오는 장면을 상상해보세요. 둘이 가까워지면 점점 속도가 빨라지다가 서로 얼싸안고는 빙판 위에서 빙글빙글 돌지 않던가요.

또 강한 자석 두 개를 서로 가까이 두면 당기는 힘 때문에 빠른 속도로 달라붙게 되는 것과 같습니다.

맞아요. 네오디뮴 자석인가, 그거 둘이 달라붙을 때 '딱' 소리가 나더라고요. 그러다가 자석이 깨져버린 적도 있어요.

마찬가지로 탄소와 산소가 만나서 강하게 결합하면 이때 만들어진 이산화탄소 분자가 빠른 속도로 빙글빙글 돌거나 날아가게 되는데, 이 빠른 분자가 근처의 다른 분자들을 건드리면서 마구 휘젓고 다니게 됩니다.

아하! 그러면서 또 다른 탄소-수소나 산소-산소의 결합을 끊는 거군요.

그거예요. 간단한 문제를 하나 내볼게요. 여기 서 있는 나무토막 1개를 밀어서 옆으로 넘어뜨리는 데 2만큼의 에너지가 필요하다고 합시다. 그럼 나무토막 10개를 모두 넘어뜨리려면 얼마의 에너지가 필요할까요?

2×10=20이니까 20의 에너지가 필요하겠네요.

하지만 만약 나무토막 10개가 충분히 가까이 있다면 이야기가 달라져요. 2의 에너지를 사용해서 첫 번째 나무토막을 넘어뜨리면 그

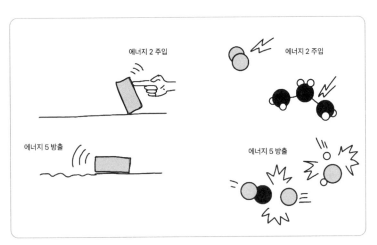

도미노와 불

나무토막이 쓰러지면서 5의 에너지가 나옵니다. 5의 에너지는 주변의 나무토막 2개를 쓰러뜨릴 수 있고, 2개가 넘어지면서 10의 에너지가 나오지요. 이런 식으로 주변의 모든 나무토막을 다 넘어뜨릴 수 있습니다.

일종의 도미노군요.

네. 그래서 불은 도미노 현상 혹은 연쇄반응이라고 할 수 있습니다. 불을 처음에 일으키기는 쉽지 않지만, 한번 불이 제대로 붙으면 걷잡을 수 없이 번져가는 것은 그 때문입니다.

촛불이 만들어지는 과정을 다시 정리해볼게요. 초를 이루는 파라핀 분자와 공중의 산소 분자가 처음 어떤 충격에 의해 분해되었다가 이산화탄소와 물로 재결합한다. 재결합 과정에서 속도가 빨라진 이산화탄소와 물이 다시 주변의 파라핀과 산소 분자를 분해시키고, 새로운 물과 이산화탄소가 생성되면서 연소 과정이 지속된다. 맞나요?

불의 본질을 정확하게 이해했군요.

그런데 원래 제 질문은 불의 본질에 대한 것이 아니라, '촛불은 왜 뜨거운가'였는데요?

잘 생각해보면 촛불이 왜 뜨거운지도 알 수 있을 거예요.

음, 촛불 주위는 빠른 속도의 이산화탄소와 물 분자들 그리고 그것들에 의해 빨라진 다양한 공기 분자들이 혼재되어 있을 테고, 분자들이 빠르다는 것은 곧 온도가 높다는 것을 의미하니, 촛불이 뜨거운 게 당연하겠네요. 와, 뭔가 비밀을 알아낸 느낌이에요!

다음 질문은 '불을 만질 수 있을까?'였는데, 이건 잠깐 쉬었다가 이야기할까요?

2
놀라운 발명품

불을 만질 수 있는지 생각해봤어요. 불은 빠른 속도로 날아다니는 분자들의 모임이니 고체보다는 기체에 가까울 테고, 그러니 딱딱하게 만져지지 않을 것 같아요. 실제로 촛불을 젓가락으로 찔러보아도 아무 느낌이 없잖아요.

멋진 추론입니다.

제 다음 질문은… **'왜 초는 나무나 종이처럼 홀라당 타버리지 않을까'** 하는 것이었어요.

보통 잘 타는 물질, 즉 나무나 종이, 천 등은 대부분 탄소와 수소가 주성분입니다. '탄화수소 화합물'이라고도 하죠. 탄화수소 화합물이 잘 연소하는 이유는 이들이 산소와 결합해서 이산화탄소와 물이라는 안정한 물질을 만들 수 있기 때문입니다. 잘 타는 물질 중에서도 특히 휘발유나 경유 등은 파라핀과 그 분자 구성이 거의 같아요.

반면 산소와 결합하기를 별로 좋아하지 않는 물질, 예를 들어 유리나 금속 같은 경우는 타지 않죠.

그런데 휘발유는 초와 달리 불이 붙으면 금세 타버리잖아요.

이들이 타는 속도가 크게 다른 이유는 분자 길이가 다르기 때문입니다. 휘발유는 연결된 탄소의 개수가 10개 이내지만, 파라핀은 20개 이상의 탄소가 연결되어 있어요. 실온에서는 휘발유가 액체 상태이고 쉽게 증발해서 기체로 변하는 반면, 파라핀은 안정된 고체로 존재하는 것도 그 때문이죠.

파라핀이 탈 수 있으려면 일단 액체 상태를 지나 기체 상태로 넘어가야 하는데, 그 과정에서 열이 많이 필요해요. 양초는 나무토막처럼 바로 태우는 것이 불가능해서 심지를 꽂아서 사용해야 합니다.

아, 심지가 필요한 이유가 그거였어요?

네. 일단 고체 상태의 파라핀을 녹여 액체로 만든 뒤, 파라핀 액체가 심지를 타고 올라오도록 만듭니다. 그리고 심지에서 기체로 변하게 한 뒤 산소와 결합시키는 거예요. 양초는 심지라는 보조 도구가 있어야만 불을 유지할 수 있는 독특한 물질인 셈이지요.

또 궁금한 게 있어요. 초의 심지는 얼핏 보기에 두꺼운 실처럼 생겼던데, 실이라는 건 쉽게 타버리는 물질이잖아요. 근데 왜 초의 심지는 타지 않고 계속 버틸 수 있을까요?

방금 이야기한 것과 연결됩니다. 파라핀이 액체 상태가 되어 심지 내부에 스며들었다고 했지요? 뜨거운, 즉 빠른 속도로 움직이는 공기 분자들이 심지를 각각의 원자 상태로 분해해서 산소와 결합시키면 그게 심지가 타는 거예요.
그런데 심지 사이에 들어 있는 파라핀 분자가 그 충격을 대신 받아 기체 파라핀이 되면서 심지를 보호한다고 생각해봐요. 물에 젖은 수건이 타는 걸 본 적 있어요?

아뇨. 물이 모두 증발하기 전까지는 수건이 탈 리 없죠.

마찬가지예요. 심지가 액체 파라핀에 젖어 있어서 그것을 모두 기체로 날려버리기 전까지는 심지를 태우지 못합니다.

초의 심지가 아래에서부터 액체 파라핀을 흡수하니까 젖은 상태를 계속 유지할 수 있는 거군요.

그래요. 마치 한쪽 끝을 물통에 담가둔 수건과 같은 셈이에요. 하지만 심지 위쪽은 아래쪽보다 액체 파라핀이 적어서 덜 젖어 있는 상태고, 그래서 까맣게 타버리는 거랍니다.

오, 맞아요. 초의 심지를 길게 만들어놔도 윗부분은 금세 타버리고 항상 적당한 길이만 남게 되던데, 바로 이런 이유 때문이었군요. 초의 비밀이 하나씩 밝혀지네요.
궁금한 게 또 있어요. 촛불의 불꽃 모양 말인데요, 굳이 뾰족한 모양을 유지하는 이유가 있을까요?

좋은 질문입니다. 불꽃이 끊임없이 위로 올라가려고 하다가 더 이상 못 올라가고 사라지는 것 같은 느낌이 들죠? 불꽃이 뾰족한 모양을 갖는 것은 지구의 중력 때문입니다.

중력이요? 중력은 아래로 당기는 힘이잖아요. 촛불은 위로 타오르는데요?

모든 분자들은 아주 작긴 하지만 질량을 갖고 있고, 따라서 중력에 의해 아래로 떨어지려는 성향이 있습니다. 그럼에도 불구하고 공기 분자들이 바닥에 다 가라앉지 않고 천장까지 고루 분포해 있는 것은 공기 분자들이 빠른 속도로 날아다니기 때문이죠.
그런데 촛불 근처는 다른 곳보다 분자들의 속도가 더 빨라요. 분자들의 속도가 빠를수록 중력의 영향을 덜 받는 것처럼 느껴지죠. 그래서 속도가 느린 분자들은 대체로 아래쪽에 분포하고, 빠른 분자

중력과 촛불 모양

들은 위쪽에 분포하게 됩니다.

음, 몸이 피곤하고 느릿느릿한 어른들은 주로 바닥에 앉으려 하고, 혈기 왕성한 아이들은 소파고 식탁이고 자꾸 올라가려고 하는 것처럼 말이지요?

비슷해요. 그래서 같은 건물에서도 위층이 아래층보다 공기 온도가 높은 거예요. 빠른 분자들은 곧 온도가 높다는 것을 의미하니까요.

아, 촛불은 뜨거운 분자들의 모임이니까 상대적으로 중력을 거스르는 것처럼 보인다는 거죠?

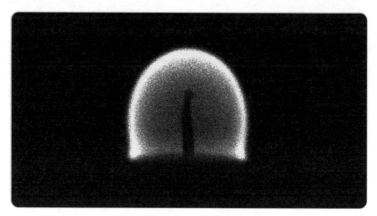

무중력 상태의 촛불

네. 그런데 심지와 멀리 떨어진 위쪽에는 더 이상 새로운 기체 파라 핀이 공급되지 않기 때문에 불꽃이 한없이 위로 뻗어가지는 못합니다.

그럼 중력이 없는 상태에서 촛불을 켜면 어떻게 되나요?

그걸 실험해본 사람들이 있어요. 중력이 없는 우주 정거장에 올라가서(주변에 산소는 충분한 공간에서) 촛불을 켰을 때 위와 같은 모양이 되었다고 해요.

앗, 뾰족한 모양이 없어졌어요. 그래도 완전히 동그랗지는 않아요.

불꽃 아래쪽은 초의 윗부분에 의해 막혀 있으니까요. 그리고 이 불

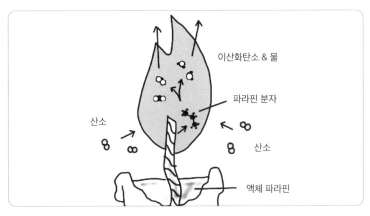

꽃은 중력이 있을 때보다 훨씬 더 작고 약해요.

중력이 있을 때는 산소와 파라핀이 결합해서 만든 이산화탄소와 수증기가 위로 올라가버리고 그 빈자리에 주변의 새로운 산소들이 계속 공급돼서 불이 잘 탑니다. 하지만 중력이 없으면 이산화탄소와 수증기가 불꽃 주변에 계속 머무르면서 새로운 산소가 들어오는 것을 방해해버립니다. 그러니 불꽃이 약하고 초가 서서히 탈 수밖에 없겠죠.

촛불이 타는 데 중력이 도움이 될 줄은 몰랐어요.

마지막으로 초의 구조를 다시 한 번 살펴볼까요? 심지의 위쪽에서 발생한 불꽃이 그 열로 고체 파라핀을 녹여 액체로 만든 후 심지 내부로 흡수하도록 만듭니다. 불꽃에서 어느 정도 떨어진 부분은 고체로 남아 있는데, 이것이 마치 그릇과 같이 액체 파라핀이 흘러 내리지 않도록 막아줍니다. 불꽃의 에너지 일부가 불꽃을 유지하는 데 사용되고 있는 셈이죠.

정말 그렇군요. 초는 아주 단순한, 구식 물건인 줄 알았는데, 알고 보니 아주 잘 설계된 하나의 작품 같아요.

몇 시간 동안 불꽃을 유지할 수 있는 물건치고 이렇게 가볍고 단순한 물건은 드물어요. 숯은 한번 불붙으면 옮기기도 끄기도 어렵고, 램프는 초보다 훨씬 크고 무겁고 복잡하죠.
여러분과 마찬가지로 저도 촛불을 물끄러미 바라보고 있으면 여러 가지 의문이 떠오르는데, 그 가운데는 제가 얼른 대답할 수 없는 것들도 많습니다. 촛불을 온전히 이해한 사람이 있다면 그 사람은 우주의 대부분을 이해한 사람이라고 해도 크게 틀리지 않을 겁니다.

촛불을 얕잡아 보면 안 되겠네요. 앞으로 우린 뭘 배우게 되나요?

다음 장부터는 우리 삶과 밀접하게 연결되어 있는 대상들, 말하자면 공기, 물, 빛, 에너지 같은 요소들을 좀 더 자세히 살펴보고자 합니다.

정리

1. 불은 탄화수소 화합물이 _____와 격렬하게 결합하면서 물과 _____를 생성하면서 주변에 _____를 방출하는 현상이다.

2. 방출된 에너지가 충분히 크면 그로 인해 주변 물질의 연소를 유발하는 _____ 반응이 일어난다.

3. 지구의 _____ 때문에 뜨거운(빠른) 분자들은 위로 올라가려는 경향이 생기고, 따라서 촛불의 모양이 뾰족해지는 것이다.

● 내게 떠오른 질문 :

---

1. 산소, 이산화탄소, 에너지(열) 2. 연쇄 3. 중력

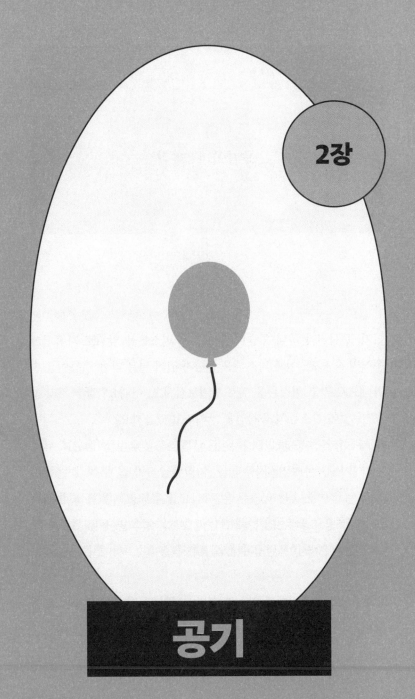

2장

공기

1
공기의 존재감

여기, 주사기가 하나 있습니다. 보통은 피스톤을 앞뒤로 자유롭게 움직일 수 있죠. 이제 피스톤을 끝까지 밀어 넣은 다음 주둥이를 손가락으로 막고 피스톤을 뒤로 당겨보십시오. 어때요? 잘 빠지지 않죠? 무엇이 피스톤의 움직임을 방해하고 있을까요?

주사기 내부의 무언가가 피스톤을 잡아당기고 있는 것 같은 느낌이 들어요. 마치 주사기 끝이랑 피스톤을 연결하고 있는 보이지 않는 고무줄이라도 있는 것처럼…. 아! 생각났어요. 주사기 안과 바깥의 기압 차이 때문이라고 배운 것 같아요.

맞아요. 그게 우리에게 익숙한 교과서적인 답변이죠. 하지만 그 대답이 의미가 있으려면 '기압 차'가 무엇이며, '기압 차가 있으면 왜

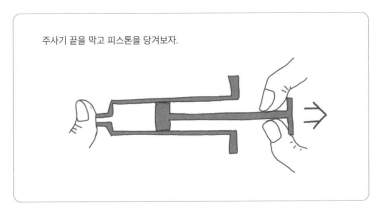

주사기 끝을 막고 피스톤을 당겨보자.

피스톤 당기기

피스톤을 움직이기 어려운지'에 대해 추가 설명을 해야 합니다.

주사기 안에는 공기가 없고, 바깥에는 공기가 많다는 건데, 공기의 유무가 피스톤을 움직이는 것과 무슨 관계가 있는지는 생각해본 적은 없어요.

그럼 공기가 무엇인지부터 살펴보기로 하죠.

우리가 흔히 말하는 공기는 다양한 기체 분자들로 이루어져 있습니다. 질소 원자 두 개로 이루어진 질소 분자가 전체 공기의 78%로 가장 많고, 산소 분자가 21%를 차지합니다. 그 외에 아르곤, 이산화탄소, 수증기, 수소 분자 등이 조금씩 섞여 있습니다. 그러나 이 분자들이 얌전히 있다면 피스톤을 당기는 데 아무런 방해도 받지 않았을 것입니다.

문제는 이 기체 분자들이 가만히 있지 않고 빠른 속도로 이 방 안을 계속 돌아다니고 있다는 거예요. 이들의 속도는 초속 1000m/s가 넘는 경우가 많으니 총알보다 빠르다고 할 수 있습니다. 한마디로 방 안의 모든 물체들은 이 공기 분자들로부터 계속 두들겨 맞고 있는 셈입니다.

공기 분자가 제 손이나 뺨도 때리고 있다는 건가요? 그런데 왜 하나도 아프지 않을까요? 공기 분자가 너무 작고 가벼워서 그런가요?

너무 작고 가벼운 건 맞아요. 하지만 때리는 분자들의 숫자가 어마어마하게 많기 때문에 충분히 느낄 수 있는 충격이죠. 만약 공기 분자들이 우리 몸의 특정 부위만을 때린다면 상당히 고통스럽겠지만, 여러 공기 분자가 동시에 모든 부위를 골고루 때리기 때문에 우리는 따끔함보다는 압박당하는 느낌을 받게 됩니다. 다만, 늘 존재하는 공기의 압박에 익숙해져버린 나머지 의식하지 못하고 있을 뿐이죠.

다시, 주사기 이야기로 돌아가봅시다. 주사기 입구가 열린 상태라면 외부 공기가 피스톤 내부로 자유롭게 드나들고 피스톤의 앞과 뒤에서 같은 힘을 가하여 서로 상쇄됩니다. 그래서 공기 분자가 없을 때와 마찬가지로 자유롭게 피스톤을 움직일 수 있게 되죠. 하지만 피스톤을 끝까지 밀어 넣은 상태에서 입구를 막은 후 피스톤을 당겨보세요. 이때는 안쪽에서 밀어주는 공기가 존재하지 않고, 밖에 있는 공기만 피스톤의 뒷면을 열심히 때리게 돼요.

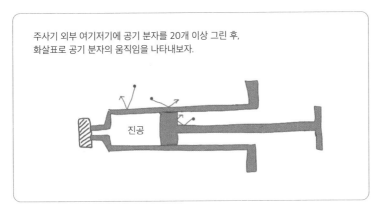

주사기 주변의 공기 분자

그럼 지금 제가 피스톤을 당길 때 드는 힘이 바로 공기 분자들이 피스톤을 때리는 힘과 같다는 말인가요? 보이지 않는 공기 분자들이 주는 힘을 직접 느껴볼 수 있다니, 신기해요.

제가 여기서 두 가지 퀴즈를 내보겠습니다.

Q1. 피스톤을 끝까지 밀어 넣은 후 입구를 막은 상태에서 뒤쪽으로 잡아 빼는 것과, 뒤쪽에서 시작해서 앞으로 밀어 넣는 것 중 어느 것이 더 어려울까요?

Q2. 피스톤을 빼는 데 필요한 힘의 크기는 무엇에 의해 결정될까요? 주사기의 굵기, 주사기의 길이, 주둥이(입구)의 굵기, 손잡이의 크기, 아니면?

직접 실험해보는 것도 좋은 방법이지만, 공기 분자가 피스톤 주위를 끊임없이 때리고 있다는 사실 하나만으로 이 모든 현상을 예측하고 설명할 수 있습니다.

방금 주사기 입구를 막은 상태에서 뒤쪽으로 잡아 빼봤으니, 이번에는 입구를 막고 뒤에서 앞으로 밀어볼게요. 어? 처음엔 쉽게 들어가더니 밀어 넣을수록 힘들어져요. 끝까지 미는 것은 불가능하겠는데요.

왜 그런지 알 수 있겠어요? 처음에는 피스톤의 안쪽과 바깥쪽에서 공기가 같은 힘으로 밀어주기 때문에 피스톤을 쉽게 밀 수 있지만, 피스톤을 조금 밀고 나면 안쪽의 공기 밀도가 높아지고, 그럼 더 많은 공기 분자들이 피스톤을 때리게 됩니다. 반대로, 아까처럼 피스톤을 잡아당기는 데 필요한 힘은 어떻게 달라질까요?

잡아당길 때는 어차피 내부에 공기가 없고, 바깥 공기의 밀도는 변하지 않으니까 힘이 달라질 일은 없을 것 같아요.

맞습니다. 피스톤을 밀 때와 당길 때, 필요한 힘이 피스톤 위치에 따라 어떻게 달라지는지 그래프로 나타내면 다음 그림과 같습니다.

그렇네요. 초반에는 미는 것이 쉽지만, 피스톤이 반쯤 움직였을 때는 두 힘이 똑같아지고, 그 이후로는 미는 것이 더 어려워져요.

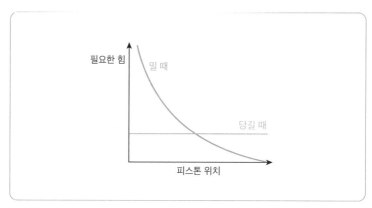

피스톤 위치와 힘의 관계

그럼 두 번째 문제, 피스톤을 당기는 데 드는 힘의 크기는 무엇에 의해 결정될까요?

39쪽 그림에 따르면, 피스톤 뒤쪽에서 때리는 공기 분자가 많을수록 피스톤을 당기는 게 힘들어져. 그러니까 주사기가 굵거나, 손잡이가 굵은 경우죠.

좋아요. 주사기가 굵으면 힘들어진다는 것은 직관적으로도 그럴 듯해요. 하지만 똑같은 주사기인데 손잡이만 큰 것을 갖다 붙이면 갑자기 잡아당기기 힘들어진다? 그건 좀 이상하지 않나요?

확실히 그건 말이 안 되죠. 하지만 그림을 보면 그게 맞는 것 같은

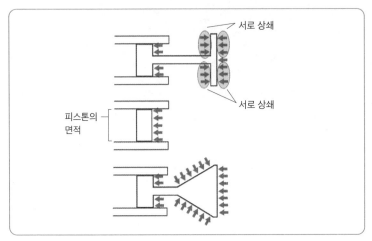

공기가 피스톤에 가하는 힘 손잡이 모양이 어떠하든 상관없이 피스톤에 가해지는 힘은
피스톤의 면적에만 비례한다.

데….

잘 보면 공기 분자가 손잡이의 뒷면뿐만 아니라 앞면도 때리고 있
어요. 그래서 앞면과 뒷면의 면적 차이만큼만 피스톤을 밀게 되죠.

그렇군요! 그리고 그 면적 차이는 정확히 피스톤의 뒷면을 덮고 있
는 기둥의 면적과 같아요. 그러니 공기 분자가 피스톤을 미는 전체
힘은 딱 피스톤의 면적만큼이에요.

잘 보았어요. 피스톤의 면적에 비례해서 이 모든 것이 결정되죠.
갑자기 기가 막힌 생각이 났어요. 손잡이가 납작한 원판이 아니라

원뿔 같은 모양이면 어떻게 될까요? 손잡이 앞면의 면적이 뒷면보다 더 넓어지니까, 공기 분자가 오히려 피스톤을 뒤로 당기게 되잖아요. 힘을 하나도 안 들이고 피스톤을 뒤로 뺄 수 있을 것 같아요!

멋진 생각이에요. 하지만 손잡이 모양을 바꾼다고 해서 피스톤이 저절로 뒤로 빠지는 것 역시 상상하기는 힘들어요. 피스톤의 앞면이 비스듬한 사선이 되면, 공기 분자가 그 면을 때리는 방향과 피스톤을 당겨야 하는 방향에 각도 차이가 생기고 그만큼 손해를 볼 수밖에 없거든요.

수학을 잠시 빌리자면, 면적은 $1/\cos\theta$만큼 늘어나지만, 피스톤을 당기는 힘은 $\cos\theta$만큼 작아져서 그 효과가 정확히 상쇄됩니다. 더 나아가 조금 복잡한 수학을 사용한다면, 어떤 이상한 모양의 손잡이를 갖다 붙이든 전체 힘에 있어서는 어떤 이득이나 손해가 없다는 것을 증명할 수도 있어요.

윽. 수학은 끔찍하게 싫은데 수학으로 그런 계산도 할 수 있다니, 역시 공부를 소홀히 하면 안 되겠네요.

2
기압이 변할 때

앗, 풍선이 왜 이렇죠? 입구가 열려있는데도 쪼그라들지 않아요!

제가 잠시 마술을 부렸습니다. 보통 풍선이 쪼그라드는 이유는 풍선 내부와 외부의 기압이 같기 때문이죠. 그런데 이 경우는 풍선과 페트병 사이의 공간에 공기가 거의 없도록 만들었어요. 풍선 안쪽에만 큰 기압이 존재해서 풍선이 팽창한 거예요.

어떻게 페트병 내부의 공기를 뺀 거죠?

페트병과 고무풍선만 있으면 되니 한번 따라해보세요.

| 페트병에 구멍을 뚫은 후 | 입으로 풍선을 불면 페트병 | 구멍을 손가락으로 막고 |
| 입구에 풍선을 씌운다. | 안의 공기가 빠져나간다. | 입을 뗀다. |

풍선 마술

풍선이 입을 벌린 채 부풀어 있는 모습은 처음 봐요. 공기의 힘이란 게 참 놀랍네요.

지구상 모든 물체는 기압의 영향을 받고 있습니다. 만약 이런 기압이 갑자기 약해지거나 강해지면 어떤 일이 생길까요?
직접 실험을 해보죠. 투명한 플라스틱 상자 안에 과자 봉지와 초코파이, 고무풍선 그리고 사이다 등을 넣고 주사기 펌프로 내부의 공기를 빼보겠습니다.

풍선이 왜 부푸는지는 알겠는데, 초코파이는 왜 부풀고, 표면도 쩍쩍 갈라질까요?

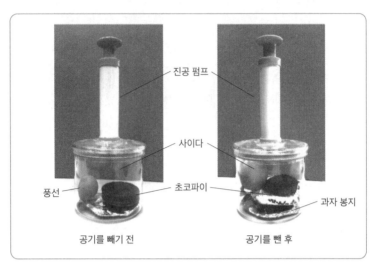

진공 펌프

사이다

풍선   초코파이   과자 봉지

공기를 빼기 전   공기를 뺀 후

진공 상자 실험

초코파이 안에 있는 마시멜로 때문입니다. 마시멜로는 내부에(뽀송한 식감을 내기 위해) 작은 기포들을 많이 갖고 있는데, 주변 기압이 낮아지면 상대적으로 더 높은 기포 내의 기압에 의해 마시멜로가 팽창하게 됩니다. 물론 기압이 원래대로 돌아가면 마시멜로도 원래 모양으로 수축하게 되죠 .

마시멜로는 아주 작은 풍선들을 모아놓은 것이나 마찬가지로군요.

맞아요. 반면 기포를 갖고 있지 않은 일반 과자는 내부 공기가 빠져나갈 뿐 팽창하지는 않습니다. 초코파이의 빵도 마찬가지라서 팽창하는 마시멜로 때문에 겉이 갈라지는 거예요.

사이다에서 올라오는 기포는 이산화탄소 맞죠? 평소보다 훨씬 많이 올라오네요.

탄산음료는 액체 안에 이산화탄소를 잔뜩 머금고 있는데, 액체의 온도가 올라가거나 외부 기압이 낮아지면 액체에 녹아 있던 이산화탄소가 빠져나옵니다.

기압이 낮아지면 물체의 형태가 변할 수도 있고, 액체 속에 녹아 있던 기체가 빠져나오기도 하는군요. 그럼 사람에게는 어떤 일이 일어날까요?

간혹 영화에서는 갑자기 진공상태의 우주에 놓인 사람의 몸이 부풀어 터지는 것으로 묘사되기도 하는데, 우리 몸이 그렇게 쉽게 터질 만큼 약하지는 않습니다. 다만 고막이나 모세혈관, 허파의 폐포 등은 찢어질 수 있겠지요.

그보다 더 위험한 것은 산소가 부족해 죽는 질식사, 그리고 혈액에 기포가 생기는 현상입니다. 혈액에는 산소뿐만 아니라 여러 기체들이 녹아 있는데, 낮은 기압에서는 혈액 속에 녹아 있던 기체가 기포 형태로 나오면서 혈관을 막아 죽음에 이르게 할 수도 있습니다.

또 비가 와서 저기압이 되면 노인 분들이 무릎이 아프다고 하는 말을 들어봤을 거예요. 외부 기압이 줄면 마시멜로처럼 관절 내 조직이 팽창하면서 신경을 누르기 때문에 발생하는 현상입니다.

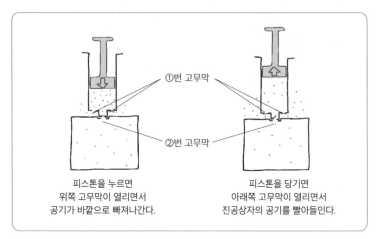

진공 펌프의 내부 구조

공기 중에서 우리에게 필요한 것은 산소뿐인 줄 알았는데, 공기 압력의 크기도 중요하군요. 그런데 아까부터 그 펌프가 신기했어요. 일반 주사기에서 피스톤을 앞뒤로 움직이면 공기를 넣었다 뺐다를 반복하게 되잖아요. 그런데 이 주사기 펌프는 어떻게 공기를 빼기만 하는 걸까요?

저도 그게 궁금하더군요. 위의 진공 펌프 내부 구조 그림을 한번 보세요. 공기가 통과하는 구멍마다 붙어 있는 고무막이 그 비밀입니다. 피스톤을 밀어 넣으면 피스톤 내부의 공기 밀도가 높아지면서 모든 고무막을 밉니다. ①번 고무막은 쉽게 열려 공기가 밖으로 빠져나가지만, ②번 고무막은 구멍의 안쪽에 붙어 있어서 압력이 커질수록 오히려 구멍을 막는 꼴이 됩니다.

익숙한 것들의 마법, 물리 1

사람들이 동시에 방에서 나가려고 우르르 문을 향해 날려들 때, 그 사람들 때문에 문 열기가 더 어려운 경우를 본 적 있어요.

바로 그 상황입니다. 피스톤을 당기게 되면 반대로 ①번이 닫히고, ②번이 열리면서 상자 안의 공기를 빨아들입니다. 따라서 피스톤을 왕복운동시키면 상자 안의 공기를 밖으로 빼낼 수 있죠. 물놀이 튜브에 바람을 넣는 펌프도 같은 원리로 만들어집니다.

고무막이라니, 이렇게 단순하면서도 효과적인 장치를 발명한 사람은 천재네요.

사실 이 펌프 아이디어는 사람의 심장에 이미 적용되어 있어요. 혈관에서는 늘 피가 한쪽 방향으로만 흐르는데, 심장은 프로펠러나 나사 같은 것도 없이 어떻게 이 피의 흐름을 만들까요? 심방은 단지 수축, 이완만 반복할 뿐이고 심방과 심실 사이에 있는 판막이 피의 흐름을 한 방향으로 유도하는 것입니다. 펌프의 고무판과 같은 역할을 하는 셈이죠.

아, 우리 몸은 이 방법을 알고 있었군요. 이 주사기 펌프로 공기를 빼내면 상자 안의 기압을 얼마나 낮출 수 있을까요? 완전한 진공상태도 되나요?

이런 간단한 실험 도구로 만들 수 있는 진공은 원래 기압의 10분의

조지프 라이트의 〈진공 펌프 실험〉(1768)

1에서 5분의 1, 그러니까 0.1~0.2기압 정도입니다. 완전한 진공이 되려면 내부 용기에 공기 분자가 단 1개도 존재하지 않아야 하는데, 그건 불가능해요. 반도체를 만드는 공정이나 정밀한 과학 실험처럼 고도의 진공을 위해서는 여러 단계의 다양한 펌프를 사용해야 하며, 내부 용기의 재질이나 상태도 중요한 요소가 됩니다. 현대의 첨단 기술을 이용하면 10^{-10}=0.0000000001기압 정도는 얻을 수 있습니다.

1700년대에 진공 펌프가 개발되자, 일반 대중들을 모아놓고 진공 실험을 보여주는 과학자들이 나타났습니다. 조지프 라이트(Joseph Wright)라는 화가가 그 장면을 그림으로 남겼습니다. 큰 유리병 안에 새를 넣어두고 펌프를 작동시켜 공기를 점점 빼는 동안 무슨 일이 일어나는지 사람들이 지켜봅니다. 끔찍한 결과를 예상했는지 어린이는 고개를 돌리고, 두 연인은 실험에 아랑곳하지 않고 서로를 바라보고 있습니다. 잔인하긴 하지만, 사람들은 이 빈 공간이 실은 공기로 가득 차 있고, 공기가 사라지면 끔찍한 일이 일어난다는 것을 알게 되었죠.

저런, 당시에 초코파이가 있었다면 새가 죽는 일은 없었을 텐데요.

3
대기압의 크기

눈에 보이지 않는 작은 공기 분자들이 쉴 새 없이 움직이면서 모든 물체에 가하는 압력, 이것을 가리켜 기압이라고 했습니다. 기압이 존재하려면 다음의 두 가지 조건을 만족해야 합니다.

첫째, 공기 분자들이 우리 주변에 많이 분포해 있어야 한다.
둘째, 공기 분자들은 가만히 있지 않고 계속해서 움직여야 한다.

우리가 공을 던지면 벽이나 바닥에 몇 번 튀기다가 결국 멈추고 말잖아요. 그런데 공기 분자는 어떻게 멈추지 않고 계속 움직이는 거죠?

예리한 질문입니다. 1초에도 수백 번씩 벽과 충돌하는 공기 분자가 속력이 느려지지 않고 계속 돌아다닐 수 있다는 것은 놀라운 일이에요. 하지만 조금 복잡하니 나중에 '열'에 대해서 공부할 때 답변하겠습니다.

첫 번째 조건은 어떤가요? 공기 분자들이 계속해서 돌아다닌다면, 창문이나 문틈을 통해 밖으로 나가버릴 텐데, 왜 방 안의 공기 양이 줄지 않고 일정할까요?

공기 분자들이 밖으로 나가기도 하지만, 그만큼 밖에서 들어오기 때문이 아닐까요?

맞습니다. 그럼 건물을 벗어나 넓은 벌판으로 나가보죠. 하늘이 뻥 뚫려 있고, 이 하늘은 무한한 우주 공간과 연결되어 있습니다. 왜 공기 분자들이 저 우주 공간으로 흩어지지 않고 우리 주변만 맴돌고 있을까요?

음… 중력 때문일까요?

그렇습니다. 지구는 질량을 가진 모든 물체를 자기 쪽으로 끌어당기는데, 공기 분자들도 예외가 아닙니다. 공을 위로 던지면 어느 정도 올라가다가 결국엔 다시 땅으로 떨어지듯이, 기체 분자도 어느 정도는 위로 올라갈 수 있지만 결국은 지구 표면 위로 다시 떨어집니다. 그래서 우리 주위에 이렇게도 많은 공기 분자들이 머물러 있는 것입니다.

그럼 달은 지구보다 중력이 작으니까 대기가 희박하다고 볼 수 있

물고기가 연못에 살 듯,
사람은 대기의 바닷속에서
살아간다.

대기층 대기가 존재하는 것은 지구의 중력 때문이다.

겠네요.

네. 지구 대기층의 두께는 16km 정도 됩니다. 지구 반지름(6400km)에 비하면 아주 얇죠. 지구가 농구공이라면 거기에 덮인 가죽보다도 얇은 셈입니다. 우린 이 얇은 공기층 안에서 살아가고 있고, 여기서 조금만 벗어나면 숨이 막혀 죽습니다.

조그마한 물웅덩이 안에 살아가는 물고기를 볼 때마다 이런 생각이 들곤 했습니다.

'비가 안 와서 물이 마르면 이 물고기들은 어떻게 될까. 지나가던 사람이 담배꽁초라도 던져 넣으면 그 오염물을 꼼짝없이 다 마시고 살아가야 할 텐데 참 가엾구나. 그에 비하면 우리 인간은 물에 갇혀 있지 않고 마음대로 돌아다닐 수 있으니 얼마나 자유로운가.'

하지만 이 생각이 잘못되었다는 것을 알았습니다. 물고기뿐만 아니라 인간 역시 대기라는 아주 얇은, 제한된 공간 안에서만 살 수 있는 존재니까요. 누군가 우리를 대기층 밖으로 들어 올리면 바로 질식합니다. 그리고 지구 저편에서 공기를 오염시키거나 미세먼지를 일으키면 우린 꼼짝없이 그걸 마시며 살아가야 하죠.

우리의 운명도 물웅덩이 안의 물고기와 크게 다르지 않군요.

지구를 감싸는 16km의 공기층을 우리는 매일 이불처럼 덮고 살아갑니다. 공기가 아무리 가볍다지만, 16km 두께가 주는 무게는 무시할 수 없습니다. 지구 위에서의 기압의 크기를 대기압 또는 1기압이라고 하는데, 약 $100,000N/m^2$입니다.

그 값은 예전에 외웠던 것 같아요. 하지만 그런 단위가 무슨 의미인지는 도통 모르겠어요.

N은 물리학자 뉴턴(Newton)의 이름을 따서 정한 힘의 단위예요. 지구에서 1kg짜리 물체, 예를 들어 1리터짜리 우유팩을 드는 데 필요한 힘이 10N입니다. 물체의 질량에 10(정확히는 중력가속도인 9.8)을 곱하면 그 물체를 드는 데 필요한 힘이 되는 거죠.
친구는 한 손으로 몇 kg까지 들 수 있을 것 같아요?

2리터짜리 생수 6개 팩은 들어본 적이 있으니까 12kg을 든 거네요.

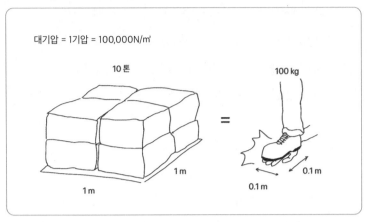

대기압 = 1기압 = 100,000N/㎡

10 톤

100 kg

1 m

1 m

0.1 m

0.1 m

10톤과 100kg 대기압이 누르는 압력은 손바닥 위에 100kg짜리 사람이 올라가 있는 것과 같다.

그럼 한 손으로 120N의 힘을 준 겁니다.

그럼 기압 10만N은, 1만kg(10톤)짜리 돌덩어리가 누르는 것과 같다는 건가요?

네. 하지만 여기서 중요한 것은 힘이 아니라 압력입니다. 아무리 무거운 물체도 아주 넓은 면적에 골고루 퍼져 있으면 별것 아니에요. 바닥에 가로세로가 1m인 정사각형이 있다고 상상해보세요. 이 면적 위에 10톤짜리 돌이 얹혀 있을 때 받는 압력이 1기압입니다. 손바닥을 위를 향해 펴보세요. 손바닥의 면적은 대략 0.1m× 0.1m=0.01㎡니까, 공기가 위에서 내리누르는 압력은 손바닥 위에 100kg짜리 물체가 얹혀 있는 것과 같은 셈이에요.

설마요. 그게 사실이라면 새가 손바닥을 이렇게 펴고 버티고 있는 게 불가능해야 하잖아요.

손바닥 아래쪽에서 아무것도 버텨주지 않는다면 그 말이 맞아요.

그럼 손바닥 아래쪽에서도 공기가 동일한 힘으로 밀어준다는 말인가요? 중력은 아래로만 작용하니까 위로 밀어주기는 어려울 텐데요.

중력이 공기 분자들을 아래로 당기기는 하지만, 바닥에 부딪힌 공기 분자들은 다시 튀어 올라 모든 면을 골고루 때리고 다닙니다. 그래서 손바닥 위나 아래에 같은 압력을 가해요.
우리 몸이 모든 방향으로 압력을 받는 데다 태어날 때부터 이런 환경에서 자라다 보니 우리 몸이 익숙해져서 이 엄청난 기압을 의식하지 못한 채 살아가고 있을 뿐이에요.

지구의 대기압이 공기의 무게 때문에 생긴다는 게 확 와닿지 않아요.

좋아요. 그럼 실험을 하나 해보도록 하죠. 1리터짜리 페트병 세 개를 준비한 후 각각 진공, 공기, 물로 채웁니다. 페트병 자체의 무게를 제외한다고 하면 물 1리터는 1kg이 측정됩니다. 그렇다면 공기 1리터의 무게는 얼마나 될까요?
① 0kg ② 0.00001kg ③ 0.001kg ④ 0.1kg ⑤ 1kg

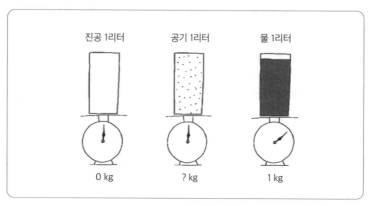

물 1리터의 무게는 1kg, 공기 1리터의 무게는?

공기의 무게는 거의 0에 가까울 테니, 저는 2번을 선택할래요.

실제로 실험을 해보면 0.001kg(1g) 정도 됩니다. 1리터 용기 안에 들어 있는 공기를 그대로 압축하면 티스푼에 담기는 물의 무게가 되는 셈이지요.

같은 부피의 공기와 물의 무게를 비교하면 1000배 차이가 나네요. 공기도 생각보다 꽤 무거운걸요.

네. 정리하면 공기는 같은 부피의 물보다 1000배 가볍고, 공기의 밀도는 물의 밀도의 1000분의 1이 됩니다.

잠깐만요. 1기압은 물기둥 10m가 주는 압력과 같다고 배운 적이 있어요. 만약 불과 공기의 빌노가 1000배 차이가 난다면, 물기둥 10m와 공기 기둥 10km의 압력이 같아야 하잖아요. 그런데 아까는 공기층(대기층)이 16km 높이를 갖고 있다고 하지 않으셨어요?

좋은 지적입니다. 공기의 밀도가 동일하다면 10km의 기둥이 1기압을 만들어내겠지만, 지표면에서 멀어질수록 공기가 희박해지고 그에 따라 밀도도 낮아지게 마련입니다. 공기가 존재하는 영역과 공기가 없는 영역이 명확하지 않기 때문에 대기층의 두께가 16km 라고 말하는 것도 사실 애매한 것이죠.

그렇군요. 그럼 우리가 1기압보다 높은 기압을 체험해볼 수 있는 곳이 있을까요?

물속 깊이 잠수하면 더 높은 압력을 느껴볼 수 있습니다. 예를 들어 10m 깊이로 잠수하면 대기가 누르는 1기압이 물의 표면으로 전해지고, 거기에 물기둥 10m의 수압이 더해져서 2기압에 해당하는 압력을 받게 됩니다. 그래서 잠수를 하는 사람은 온몸에 압박을 느끼고, 허파도 위축됩니다.

또 궁금한 게 있어요. 사람이 발을 땅에 딛고 서 있으면 위에서 누르는 공기만 있고 밑에서 받쳐주는 공기가 없으니, 실제로 땅에서 발을 떼는 게 아주 힘든 일이어야 하지 않을까요?

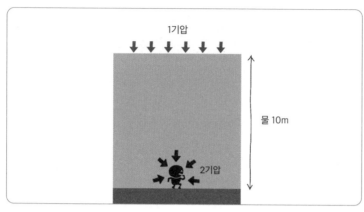

수압

재미있는 상상이네요. 하지만 신발 밑이든, 발바닥 밑이든 빈틈이
나 주름이 있게 마련이고, 거기에 존재하는 공기가 아래에서 같은
힘으로 밀어주기 때문에 크게 염려하지 않아도 됩니다.

물론 약간의 공기는 있겠죠. 하지만 맨발의 경우라면 그 아래에 깔린
공기의 양이 아주 미세해서 받쳐주는 힘 역시 미미할 것 같은데요.

공기의 양보다는 압력의 크기가 중요합니다. 거울이나 타일의 벽에
붙여 사용하는 흡착판과 발바닥을 비교해보도록 하죠. 흡착판의
경우에는 위로 솟아오르려는 고무의 탄성에 의해 이미 내부 기압
이 1기압보다 작은 상태이고, 외부 공기가 들어올 틈이 없어 잡아
당길수록 내부 기압은 더 줄어들고 떼어내기가 쉽지 않습니다. 그
러나 발은 발바닥의 미세한 주름에 의해 공기가 오갈 수 있기 때문

익숙한 것들의 마법, 물리 1

에 발바닥 밑의 공기는 늘 1기압을 유지합니다.

만약 사람 발이 고무판처럼 아주 판판했으면 흡착판처럼 달라붙어
걷기가 무척 힘들었겠네요.

4
대기의 역할

선생님, 오랜만에 비가 와요. 우산 위로 떨어지는 빗소리가 정겹네요.

만약 대기가 없었다면 우리는 비오는 날 밖에 나가지 못했을 겁니다. 빗방울에 맞아 죽을 수도 있거든요.

네? 설마요.

중력 때문에 지구에서 낙하하는 모든 물체의 속력은 초당 10m/s씩 증가합니다. 처음에 정지 상태였던 물체가 1초만 지나도 초당 10m(아파트 3개 층 정도의 높이)를 내려오는 속도가 되고, 2초 뒤에는 초당 20m로 속력이 증가합니다. 구름에서 만들어진 빗방울이 지면에 도달할 때쯤 되면 그 속력이 초속 200m에 이릅니다. 이

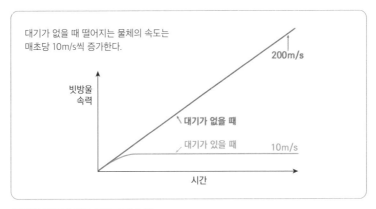

대기가 없을 때 떨어지는 물체의 속도는
매초당 10m/s씩 증가한다.

200m/s

빗방울
속력

대기가 없을 때

대기가 있을 때   10m/s

시간

대기의 유무에 따른 빗방울의 속력

빗방울에 맞으면 우산이 뚫리고 살이 패이겠죠.

그러나 대기 중에서는 이 빗방울이 공기 분자와 부딪히면서 속력이
느려지고, 최대 초당 10m의 속력밖에 내지 못합니다. 맞으면 간지
러운 정도죠. 그래서 얇은 우산으로도 막을 수 있는 겁니다.

대기가 없으면 물체에 가하는 기압만 사라지는 줄 알았는데, 이렇
게 다른 문제도 생기는군요.

대기의 역할은 그 밖에도 많습니다. 일단 모든 생명체는 대기 중의
산소를 필요로 하고요.

그런데 왜 하필이면 산소일까요? 산소에 무슨 특별한 점이라도
있나요?

그건 불이 산소를 필요로 하는 이유와 같습니다. 대부분의 생명체는 탄화수소 화합물을 섭취하고, 이 음식물을 몸속에서 연소시킴으로써 삶에 필요한 에너지를 얻는데, 이 연소 과정에서 산소가 요구됩니다.

그럼 살아남기 위해 산소를 필요로 하는 것은 촛불뿐만이 아니었군요. 인간도 자기 안에 불을 피우고 있는 것과 마찬가지니까요.

그래요. 인간도 생명 불을 유지하기 위해서는 산소와 음식물을 계속 필요로 하니, 인간 역시 하나의 불꽃이라고 해도 좋겠네요.

불꽃 같은 존재라….

대기가 없다면 이런 대화 역시 불가능하죠. 소리는 공기의 진동으로 전달되니까요. 목소리를 내거나 책상을 두드리면 성대나 책상 표면이 앞뒤로 진동하면서 공기 분자를 압축 또는 팽창시킵니다. 공기의 압축과 팽창이 교대로 반복되면서 물결처럼 사방으로 퍼지다가 고막을 진동시키면, 비로소 우리가 소리로 인식하게 되는 거죠. 물체를 천천히 진동시키면 낮은 음, 빠르게 진동시키면 높은 음이 되고요.

공기가 없어서 상대방을 부를 수 없다면 정말 답답할 것 같아요. 뒤돌아보게 만들려면 물건이라도 던져야 하잖아요.

맞아요. 서로 떨어져 있는 사람끼리 신호를 쉽게 주고받을 수 있는 것은 우리 사이의 공간이 공기로 가득 차 있기 때문입니다.

대기가 없다면 또 어떤 일이 일어날까요?

하늘이 파란 것도 대기 때문입니다. 하늘을 본다는 것은 태양에서 오는 빛이 대기의 공기 분자에 부딪혀(산란되어) 우리 눈에 들어오는 것이니까요. 태양은 무지개 빛깔의 다양한 빛을 모두 방출하는데, 아주 작은 공기 분자는 그 가운데 파랑과 보라색 빛을 특히 잘 산란시킵니다. 그래서 하늘이 파랗게 보이는 거죠.

그럼 대기가 없다면 하늘이 어떻게 보일까요?

태양 빛을 산란시킬 부분이 없다면 태양만 아주 밝게 빛나고 다른 부분은 모두 깜깜하겠죠. 태양 빛을 반사하는 달과 몇 개의 별들은 볼 수 있겠지만.

그럼 영화에 나오는 우주의 하늘과 비슷하겠네요.

대기는 빗방울뿐만 아니라 운석과 우주 방사선을 막는 역할도 합니다. 크고 작은 운석들이 지구 주위를 지나가다가 지구 중력에 의해 지표면으로 떨어지는 일이 종종 일어나는데, 그 양이 하루에 평균 300톤 정도 된다고 합니다. 그럼에도 불구하고 우리가 별다른

불타는 운석

걱정을 하지 않는 이유는 운석이 대기권 안에 들어오는 순간 공기와의 마찰로 엄청난 열이 발생하고 대부분이 불타버리기 때문입니다.

밤하늘에 '반짝' 하고 보이는 별똥별이 불타는 운석이었군요.

네. 물론 간혹 큰 운석은 다 타지 못하고 지면에 도달하기도 하는데, 그 충돌 속도가 엄청나기 때문에 대기 중에 큰 먼지를 일으킨다고 합니다. 이 먼지가 태양 빛을 가려 생태계를 바꿔놓기도 하는데, 과거 공룡 멸종의 원인으로 추측하고 있죠.

방사선 이야기를 해볼까요? 태양은 격렬한 핵반응을 통해 열과 빛을 방출하는데, 모든 핵반응이 그렇듯이 이때 방사선도 함께 뿜어져나옵니다. 만약 이 방사선이 지구의 지면에 그대로 도달하면 대재앙이 되겠죠. 다행히 지구는 이것을 방어할 보호막을 갖고 있습니다.

익숙한 것들의 마법, 물리 1

1차 방어막은 지구의 자기상입니다. 방사선에는 전기를 띤 것도 있고 전기를 띠지 않은 것들도 있는데, 전기를 띤 입자가 자기장 안에 들어온 순간 그 진행 방향이 휘어지면서 원운동을 하게 되고, 결국 지구를 우회해서 돌아 나가게 됩니다.

한편, 전기를 띠지 않거나 에너지가 아주 큰 방사선은 자기장을 뚫고 대기권 안으로 들어오는데, 이때 빗방울과 마찬가지로 공기 분자와 계속 충돌을 일으키면서 점점 에너지를 잃게 되죠. 그 덕분에 지상에는 피해를 거의 주지 않는 거랍니다.

'공기' 하면 숨 쉬는 것만 생각했지, 보이지 않는 대기가 이렇게 많은 일을 하고 있는 줄은 몰랐어요. 새삼 공기가 고맙게 느껴지네요.

정리

대기에 대해 알게 된 바를 아래 그림에 표현해보자.

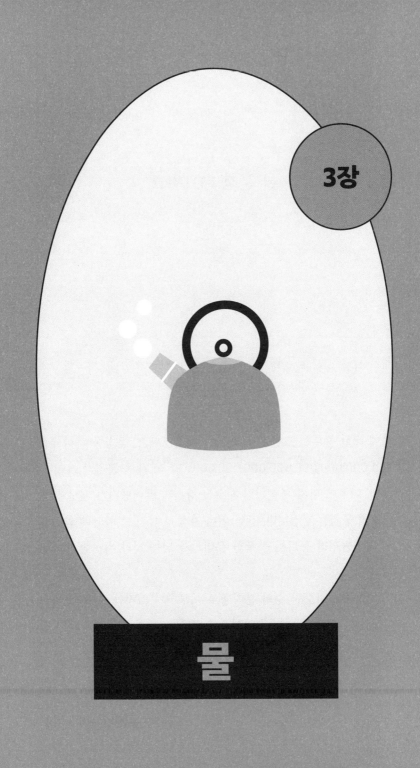

3장

물

1
물 분자 네트워크

누가 탁자에 물을 흘렸나본데 물방울이 마치 구슬 같아요. 물방울은 왜 동글동글할까요?

물에 대한 공부는 그걸로 시작하는 게 좋겠네요. 물방울 하나에는 약 $1,000,000,000,000,000,000,000=10^{21}$개의 물 분자가 들어 있는데, 이들이 마치 자석처럼 서로를 강하게 끌어당기기 때문에 동그랗게 뭉치는 것입니다. 강한 미니 자석 수백 개를 바닥에 쏟았을 때 자기들끼리 뭉쳐서 볼록한 무더기가 되는 것과 비슷한 원리입니다.

기름방울도 비슷한 수의 분자들로 이루어져 있지만, 기름 분자들은 서로를 강하게 당기지 않아요. 그래서 기름방울은 물방울과 달리 납작하게 가라앉습니다.

물방울과 자석더미

어쩌다가 물 분자는 자석처럼 서로 당기는 힘을 갖게 되었을까요?

하나의 물 분자는 수소 원자 2개와 산소 원자 1개가 붙어 만들어
진 것입니다. 수소는 (1개의 양성자와) 하나의 전자를 갖고 있는데,
전자 1개를 더 얻어서 안정한 상태에 이르고 싶어 합니다.

전자 한 개보단 두 개를 더 선호하는군요.

처음부터 전자 둘을 갖고 있는 헬륨은 그래서 아주 안정하고 다른
원자와 반응하려 들지 않습니다. 산소에는 (8개의 양성자와) 8개의
전자가 있어요. 안쪽에 있는 2개의 전자는 안정한 쌍을 이루고 있
지만, 바깥에 있는 6개의 전자는 2개의 전자를 더 얻어서 8개의 완
전체를 이루고 싶어 해요.

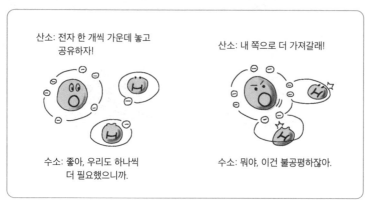

산소: 전자 한 개씩 가운데 놓고 공유하자!

수소: 좋아, 우리도 하나씩 더 필요했으니까.

산소: 내 쪽으로 더 가져갈래!

수소: 뭐야, 이건 불공평하잖아.

산소와 수소의 공유결합 산소와 수소는 서로 전자를 공유하는 계약을 맺는다.

내게 전자 2개가 아니면 8개를 달라!

그래요. 이런 상황에서 수소와 산소가 서로 만나 계약을 합니다. 각자 전자 1개씩을 가운데 내놓고 서로 공유하자는 거예요. 그럼 수소는 마치 2개의 전자를 갖고 있고, 산소는 7개의 전자를 갖고 있는 듯한 느낌이 들어 서로가 좋아해요. 전자를 공유하는 이런 원자 사이의 계약을 '공유결합'이라고 합니다.

산소는 아직도 전자 한 개가 더 필요한데요?

그렇죠. 그래서 산소가 수소 1개와 더 만나서 같은 계약을 합니다. 그럼 산소는 전자 8개를 모두 채울 수 있죠.
그런데 여기서도 '빈익빈 부익부' 현상이 나타납니다. 전자를 같이

익숙한 것들의 마법, 물리 1

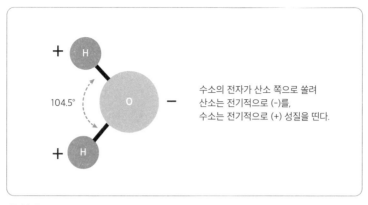

물 분자

공유하자고 해놓고선, 산소가 그 공유 전자를 자기 쪽으로 더 강하게 당겨버리거든요.

산소가 좋은 일만 하는 줄 알았는데, 못된 면도 있네요.

그래서 원래 전기적으로 중성이었던 수소는 졸지에 전자를 절반쯤 빼앗긴 꼴이 되어 상대적으로 (+)의 전기를 띠고, 전자를 더 많이 끌어당긴 산소는 (-)의 전기를 띠게 됩니다. 즉, 물 분자는 전기적으로 (+)와 (-)의 성질을 갖는 '극성' 분자가 됩니다. 물 분자 말고도 극성을 갖는 분자들은 많이 있지만, 물 분자가 유독 강한 극성을 갖습니다.

물 분자에서 수소와 수소가 이루는 각이 104.5도라고 들었어요.

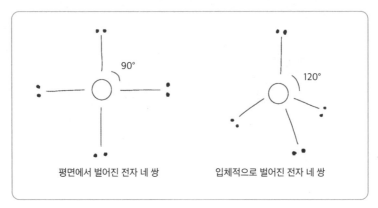

<table>
<tr><td>90°</td><td>120°</td></tr>
<tr><td>평면에서 벌어진 전자 네 쌍</td><td>입체적으로 벌어진 전자 네 쌍</td></tr>
</table>

평면과 입체 물 분자

수소 2개가 산소의 좌우에 일직선으로 붙지 않고, 왜 삐딱하게 붙어 있을까요?

그냥 넘어가려고 했는데, 이왕 질문을 받았으니 대답을 해야겠네요. 산소 주위에 (수소에게서 빼앗아오다시피 한 2개의 전자를 포함해서) 8개의 전자가 놓여 있다고 했죠? 전자는 기본적으로 둘씩 짝지어서 배치가 돼요. 그러니 총 4쌍의 전자가 산소 주위를 감싸는 거죠. 4개의 전자쌍은 전기적으로 서로 밀어내니까 가능한 이웃과 멀리 떨어지려고 할 텐데, 그럼 어떤 모양으로 배열될까요?

동서남북 이렇게 90도씩 벌어져 있으면 되지 않을까요?

평면상에서는 그렇겠죠. 하지만 물 분자는 3차원상에 존재하니 입체석으로 생각해야 합니다. 성사년제의 중앙과 꼭짓점을 잇는 선처럼 배열되죠. 이때 두 직선 사이의 각도가 120도입니다.

두 꼭짓점에는 전자뿐만 아니라 수소도 함께 붙어 있어서 각도에 조금 변형이 생겼다고 볼 수 있어요.
물 분자가 (+)와 (-)의 강한 전기적 극성을 갖고 있고, 그 각도가 104.5도 만큼 꺾여 있다는 것은 매우 중요한 사실입니다. 물이 갖고 있는 많은 성질들이 이 물 분자의 구조에서 기인하거든요.

예를 들면요?

앞에서 말한 것처럼, 이런 물 분자가 수없이 많이 모여 있다고 상상해보세요. (-) 전기를 띠는 수소들이 (+) 전기를 띠는 산소에 달라붙으려고 하겠죠? 이렇게 (-) 전기를 띠는 수소가 (+) 전기를 띠는 다른 원자에 달라붙는 것을 '수소결합'이라고 합니다.

마치 자석에서 N극과 S극이 달라붙는 것처럼 말이죠?

네. 게다가 일자 형태의 자석보다는 적당히 꺾여 있는 물 분자가 훨씬 더 엉겨 붙기가 좋지요. 이렇게 물 분자들이 서로 엉겨 붙어

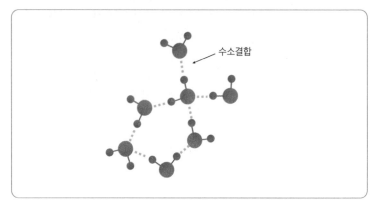

물의 그물구조

서 그물구조를 갖는 것이 물방울이 서로 뭉치는 근본적인 이유입니다.

그럼 제가 손가락으로 이렇게 물방을 통통 치면 그 그물구조를 건드리는 거네요. 또 물 안으로 손을 넣으면 제 손이 그물구조를 찢고 들어가는 것이고요.

그렇지요. 그물구조, 즉 수소결합은 쉽게 분리되었다가 다시 붙곤 하는데, 산소와 수소 사이의 공유결합은 쉽게 떼기 어려워요. 일반적으로 공유결합이 수소결합보다 훨씬 더 강하니까요.

앗, 물방울이 제 손가락에도 달라붙었어요. 물방울이 제 손도 좋아하는 것 같은데요?

익숙한 것들의 마법, 물리 1

표면장력

맞아요. 우리 손의 피부 분자에도 (+)와 (-)의 극성이 여기저기 다양하게 분포돼 있어요. 그래서 물방울이 달라붙게 되는 거죠. 극성이 별로 없는 물체, 예를 들어 나뭇잎 표면에는 달라붙지 않아 물방울이 훨씬 더 동그랗게 됩니다.

잠깐만요. 아까 물방울이 뭉치는 이유가 물 분자가 서로 전기적으로 당기는 힘 때문이라고 하셨죠? 그런데 학교에서는 '표면장력' 때문이라고 배운 것 같아요.

그렇게 말할 수도 있어요. 하지만 '표면장력'이라는 별도의 힘이 따로 존재하는 것은 아니에요. 물 분자끼리 서로 당기는 힘 때문에 물방울이 뭉치게 되고, 이것이 마치 물의 표면적을 최소화하려는 것처럼 보이기 때문에 표면장력이라는 이름을 붙인 것뿐입니다.

아하, 그렇군요. 표면장력이란 게 말만 어렵지, 알고 보면 별거 아니었네요.

과학 지식의 많은 면이 그래요. 단순한 것을 너무 복잡하게 배우는가 하면, 반대로 심오한 이야기를 너무 가볍게 취급하곤 합니다.

2
얼음, 물, 수증기

선생님은 모든 것을 분자로 설명해주시는 것 같은데, 분자 측면에서 물과 얼음은 어떻게 다른가요?

물의 온도라는 것은 '물 분자들이 활발하게 움직이는 정도'를 가리킵니다. 온도가 낮아지면 물 분자들은 얌전해지고, 물 분자들이 당기는 힘 때문에 서로 이웃한 분자끼리 붙어서 규칙적인 구조를 이룹니다. 이것이 물의 고체 상태인 얼음이죠.

이때 물을 옆에서 흔들어주면 물 분자들이 진동하기 시작하고, 물 분자끼리 계속해서 서로 자리를 바꾸는데, 이것이 물의 액체 상태입니다.

그러다가 물 분자들의 움직임이 더 활발해지면 이 수소결합을 깨뜨리고 서로가 멀리 떨어진 채로 공중을 돌아다니게 됩니다.

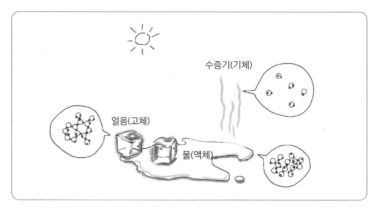

물의 세 가지 상태

그것이 기체 상태인 수증기로군요.

'비열'이라고 들어봤지요? 어떤 물질 1kg(또는 1g)의 온도를 1℃ 높이는 데 필요한 에너지를 가리키는 말인데, 비열이 높다는 것은 온도를 올리는 데 에너지가 많이 필요해서 온도가 쉽게 변하지 않는다는 뜻입니다.
다음 표에 몇 가지 물질들의 비열을 정리해놓았습니다. 예를 들어 같은 금속이라도 금은 철보다 비열이 아주 낮은 편이지요.

이 표에서는 물의 비열이 압도적으로 높군요!

물은 온도가 잘 변하지 않는 대표적인 물질입니다. 뜨거운 물을 식히거나 차가운 물을 데우는 데 굉장히 많은 에너지가 필요하고 시간도 오래 걸리죠.

물의 온도가 쉽게 변하지 않기 때문에 좋은 점도 있습니다. 뜨거운 불판에서 구워지는 고기를 손으로 집으면 화상을 입을 정도입니다. 그런데도 우리는 겁도 없이 바로 입 안에 집어넣지요. 그래도 되는 이유는 고기를 보는 순간 입 안에 침이 고이고, 이 침이 고기를 식혀주기 때문입니다. 침의 비열이 높지 않았다면, 침의 온도가 급격히 올라 입 안이 데이고 말았을 겁니다.

또, 물이 없는 사막 지방은 낮밤의 온도 변화가 매우 큰 반면, 바다는 온도 변화가 거

물질	비열	
	J/kg ℃	cal/g ℃
금 속		
알루미늄	900	0.215
카드뮴	230	0.055
구리	387	0.0924
게르마늄	322	0.077
금	129	0.0308
철	448	0.107
납	128	0.0305
은	234	0.056
고 체		
나무	1700	0.41
유리	837	0.2
실리콘	703	0.168
얼음	2090	0.5
화강암	860	0.21
액 체		
알코올	2400	0.58
수은	140	0.033
물	4186	1

비열

의 없습니다. 우리가 낮과 밤, 여름과 겨울을 지나면서도 온도 변화를 많이 겪지 않는 이유는 지구에 풍부한 물 때문입니다.

우리나라만 해도 -10도에서 +40도 사이를 오르내리는데, 이 정도면 온도 변화가 큰 것 아닌가요?

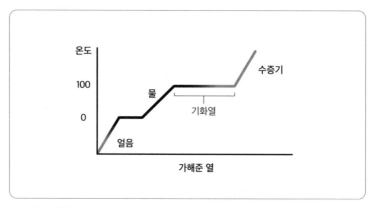

물 가열 그래프

체감상으로는 온도 변화가 크게 느껴질 수 있지만, 사실 50도 정도
의 변화는 절대적인 온도 기준으로 볼 때 겨우 7% 변화하는 정도이
니 큰 편은 아니죠.

물의 온도를 바꿀 때뿐만 아니라 물의 상태를 얼음에서 물로, 물에
서 수증기로 바꿀 때에도 많은 열을 필요로 합니다. 위의 그래프에
서 보듯 100℃의 물을 100℃의 수증기로 바꿀 때 엄청난 열(기화
열)이 필요하죠. 냄비에서 물이 끓을 때까지 걸린 시간보다, 그 끓
는 물을 몽땅 증발시키고 냄비를 태우게 될 때까지의 시간이 더 많
이 걸리는 것을 떠올린다면 이해가 쉽죠.

우리 몸에 물이 묻어 있으면 시원한 이유도 '기화열' 때문이라고 들
었어요. 우리 몸의 온도가 100℃도 아닌데, 기화열과 무슨 상관이
있을까요?

좋은 질문입니다. 몸에 묻은 물로 인해 시원해지는 현상은 좀 더 설명이 필요합니다.

평균 소득에 대한 비유를 하나 들어보겠습니다. 국민들의 소득이 개인별로 들쑥날쑥한 상황에서, 소득이 매우 높은 고소득층이 자기 돈을 다 가지고 외국으로 이민을 가버린다고 해봐요. 이런 일이 자주 발생하면 그 국민들의 평균 소득은 어떻게 될까요?

고소득층이 떠나버리면 평균 소득이 낮아지겠죠.

그렇죠. 정부가 평균 소득을 유지하기 원한다면 계속 예산을 투입해야 할 겁니다. 물이 증발할 때 우리 몸이 열을 빼앗기는 원리도 이와 같습니다.

우리 몸은 36.5도이기 때문에 우리 몸에 붙어 있는 물방울도 역시 36.5도가 됩니다. 그런데 이 **온도는 물 분자들의 평균적인 움직임을 의미할 뿐**이고, 물 분자들 가운데는 평균보다 훨씬 느리거나 아주 빨리 움직이는 물 분자도 있어요.

빠른 물 분자 가운데 일부는 순간적으로 수증기가 되어서 뛰쳐나가는데, 이를 '증발'이라고 부릅니다. 빠른 분자들이 자꾸 뛰쳐나가고 나면 남은 물 분자들의 평균 온도는 떨어지고, 그래서 36.5도인 몸에서 열을 더 가져오게 됩니다. 이렇게 몸에서 물이 증발할 때마다 우리 몸은 열을 계속 빼앗기게 되는 거예요.

100도가 아닌 36.5도의 몸으로도 물을 계속 기화시키는 것이 가

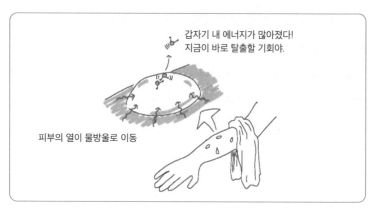

갑자기 내 에너지가 많아졌다!
지금이 바로 탈출할 기회야.

피부의 열이 물방울로 이동

물에 젖은 몸이 시원한 이유

능하다는 거네요.

더운 여름날 길에 물을 뿌리는 것도 같은 이유로, 아스팔트의 열을 이용해서 물을 수증기로 바꾸는 거예요. 나중에 이 수증기들이 구름이 되어 다시 물로 바뀌면 그때 저장되었던 열을 다시 내어놓는 거고요.

수증기가 물이 될 때 열이 나온다면, 물이 얼음이 될 때도 열이 나오나요?

맞아요. 냉동실에서 얼음을 얼리려면 이때 나오는 열을 계속 제거해줘야 해요. 그래서 더운 날뿐만 아니라 추운 날에도 물을 뿌리면 도움이 됩니다. 물론 사람 다니는 길에 물을 뿌려서 빙판을 만들면

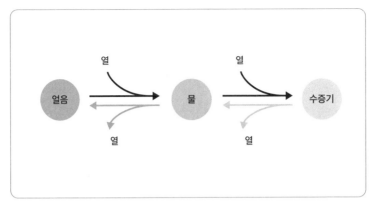

물에서 수증기로

안 되겠지만 말입니다.

등산 가서 밥을 하면 설익는다고 하잖아요. 그것도 물의 특성과 관련이 있을까요?

이제 그걸 설명하는 게 좋겠군요. 물이 얼거나 증발하는 온도는 0도와 100도라고 말하지만 항상 그런 것은 아닙니다.

그 온도가 바뀌는 경우도 있나요?

물의 어는점과 끓는점은 불순물이 섞여 있거나 압력이 달라지면 바뀝니다. 다음의 그래프를 본 적이 있을 겁니다.
통상적인 1기압 상태에서는 가로 직선과 같이 0도에서 얼음이 물

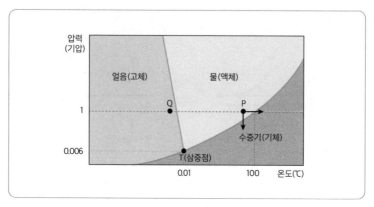

물의 상태 변화 그래프 P상태의 물에 열을 가하거나 압력을 낮추면 끓는 상태가 된다.

로 변하고, 100도에서 물이 수증기로 변한다고 알려줍니다. 그런데 압력이 낮아지면 0도보다 살짝 더 높은 온도에서 얼고, 100도보다 더 낮은 온도에서 끓게 됩니다. P점과 같이 95도의 물이 있을 때 온도를 높이는 대신 압력만 낮추어줘도 물이 끓어오르는 것을 볼 수 있습니다.

높은 산에 오르면 기압이 낮아지고, 그래서 100도가 아닌 95도에서 물이 끓게 된다는 거네요. 더 낮은 온도에서 물을 끓일 수 있으면 밥이 더 빨리 지어지니까 좋은 것 아닌가요?

물이 평소보다 더 빨리 끓는 것은 맞아요. 하지만 물 온도가 95도에서 멈춰버리고 그 이상 오르지 않으니 쌀이 익는 속도가 느릴 수밖에 없어요. 그래서 산에서는 더 오랜 시간 가열을 하든가, 공기가

익숙한 것들의 마법, 물리 1

새지 않도록 뚜껑을 잘 닫아서 압력을 높여수어야 해요.

이때, 낮은 압력에서 밥이 천천히 되는 현상을 반대로 적용해서 압력을 일부러 높여주면 어떻게 될까요? 그게 바로 압력밥솥입니다. 2기압 정도의 압력을 가하면 끓는점이 120도 이상이 되기 때문에 짧은 시간에 영양소를 덜 파괴하고도 쌀을 완전히 익힐 수가 있습니다.

오, 좋은 아이디어군요. 저 그래프는 시험문제 풀 때만 외워서 사용했지, 그 안에 압력밥솥을 만드는 힌트가 숨어 있는 줄은 몰랐네요. 이젠 뭘 배우든 그냥 지나치지 않고 다시 한 번 곰곰이 생각해 봐야겠어요. 멋진 걸 찾아낼 수도 있으니까요.

그럼요. 그런 태도라면 누구나 발명가가 될 수 있습니다.

3
물에 뜨는 얼음

선생님, 제가 시원한 커피를 가져 왔습니다.

고마워요. 그렇지 않아도 커피 생각이 간절했거든요. 얼음이 바닥에 가라앉아 있지 않고 동동 떠 있으니까 더 시원해 보이네요.

얼음이 바닥에 가라앉는 경우도 있나요?

물의 경우는 그렇지 않지만, 대부분의 액체는 얼면 바닥에 가라앉는 게 보통이에요. 고체가 되면서 분자들의 자리가 고정되면 분자 간의 거리가 더 가까워져서 부피가 줄어들고 밀도가 높아지니까요.

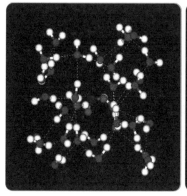

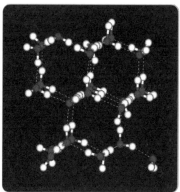

물의 구조   얼음의 구조

듣고 보니 얼음이 특이하네요. 왜 물은 얼음이 되면서 오히려 부피가 늘어날까요?

물의 온도가 점점 낮아지면 분자들의 움직임이 둔해지면서 이웃에 있는 분자들과 수소결합을 하는데, 이때 육각형 구조를 이루게 됩니다. 육각형인 이유는 물 분자의 두 수소 사이의 각도가 104.5도로, 120도에 가깝기 때문입니다. 이렇게 일정하고 규칙적인 분자구조를 유지하는 고체를 결정(crystal)이라고 합니다. 얼음도 역시 결정이죠.

물 분자가 육각형 배열을 갖게 되면 가운데 빈 공간이 생겨나면서 아까처럼 마구잡이로 뒤엉켜 있을 때보다 더 많은 부피를 차지합니다. 그래서 얼음이 물 위에 뜨는 것이죠.

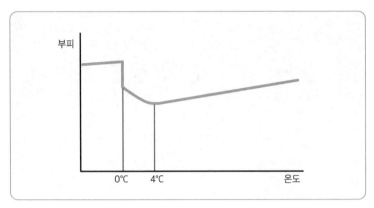

온도에 따른 물의 부피 변화 그래프

페트병에 물을 넣고 얼려보면 터질 듯이 빵빵해지던게 그것 때문이었군요.

그렇습니다. 강한 수소결합, 120도의 각도, 좌우대칭 구조를 모두 갖는 물 분자에서만 일어나는 현상이죠. 온도에 따른 물의 부피 변화를 그래프로 그려보면 위의 그림과 같습니다.

온도가 낮아질수록 물의 분자운동이 줄어들면서 부피가 감소하다가 4도 근처에서 그 부피가 최소가 됩니다. 하지만 온도가 더 낮아져 0도 근처가 되면 육각형 구조가 만들어지기 시작하면서 부피가 갑자기 증가합니다. 얼음 상태에서도 물 분자는 조금씩 진동을 하는데, 얼음의 온도가 더 내려가면 그 진동이 약해지면서 부피가 조금씩 감소합니다.

온도에 따라 물의 부피가 줄어들다가, 0도 근처에서 확 증가했다가 다시 줄어드네요. 참 신기해요.

사람의 행동에서도 물 분자와 비슷한 특성을 볼 수 있어요. 파티에 가보면 각지에서 모여든 사람들이 좁은 공간에 한데 모여 있습니다. 사람들을 물 분자에 비유한다면 파티는 기체 상태를 액체 상태로 바꿔놓은 사건입니다. 파티장에 음악이 연주되고 사람들이 춤을 추기 시작하면 사람들의 흥분도는 올라가고 공간이 비좁게 느껴집니다. 물의 온도가 높아질수록 부피가 늘어나는 것과 비슷하죠.

그건 그래요. 하지만 파티 분위기가 식었을 때 부피가 어떻게 증가하는지 설명할 수 있어야 할 텐데요.

이제 설명할게요. 사람들이 적당히 흥분해 있을 때는 서로 가벼운 인사를 하면서 스쳐 지나갑니다. 하지만 밤이 깊어지고 사람들의 흥분이 완전히 가라앉으면 진지한 대화가 오가게 되죠. 사람들은 더 이상 대화 상대를 바꾸지 않은 채 테이블에 삼삼오오 무리를 지어 앉기 시작합니다. 이때 어떻습니까? 사람들은 훨씬 더 차분해졌는데 오히려 더 많은 공간을 차지하고 있죠.

물이 차가운 얼음으로 바뀌면서 부피가 늘어나는 것과 같다는 거죠? 조금 억지스러운 면도 있지만, 어느 정도 말은 되네요.

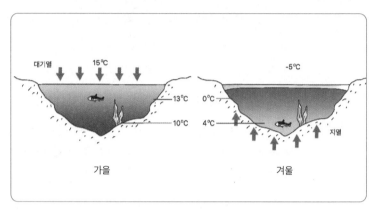

가을과 겨울 호수

고마워요. 이건 단순한 비유일 뿐이니 맘에 안 들면 잊어버려도 괜찮아요.

얼음이 되면서 부피가 증가하는 물의 특성이 호수의 생태계에 중요한 영향을 미치기도 한답니다. 가을날 호수를 한번 상상해보세요. 바깥 공기의 온도가 땅속보다 더 높기 때문에 열은 위에서부터 공급됩니다. 가장 낮은 온도의 물이 밀도가 높아서 맨 바닥으로 내려가고, 높은 온도의 물은 위쪽에 머물게 되죠. 그러다 영하의 겨울이 됐어요. 만약 물이 일반 액체처럼 행동했다면 바닥에 가장 차가운 물이 머물러 얼음이 바닥에서부터 생겨날 거예요. 그럼 물고기는 얼음 바닥과 차가운 대기 사이에서 결국 얼어 죽고 말겠죠.

하지만 물의 경우는 밀도가 가장 높은 4℃의 물이 맨 밑바닥을 차지해요. 가장 차가운 물이 맨 위에 있고, 여기서부터 얼음이 얼기 시작합니다. 얼음은 계속 두꺼워지겠지만, 땅에서 올라오는 따뜻한

익숙한 것들의 마법, 물리 1

지열과 차가운 바깥 공기 사이에 물고기가 살아갈 공간이 마련됩니다. 물고기가 이렇게 호수에서 얼어 죽지 않고 겨울을 날 수 있는 것은 4℃에서 가장 밀도가 높아지는 물의 특성 때문입니다.

물이 이런 특성을 갖지 않았다면 겨울을 지나면서 바다 외 민물고기들은 거의 다 멸종됐겠네요.

네. 지구의 생태계는 지금과 크게 달라졌겠죠. 이와 관련된 이야기를 하나 더 해보겠습니다. 얼음을 녹이려면 어떻게 해야 할까요?

따뜻한 곳에 두어서 온도를 높이면 되지 않나요?

앞(86쪽)의 〈물의 상태 변화 그래프〉를 다시 볼까요? -1℃의 얼음에 열을 가해 온도를 높이면 Q점이 오른쪽으로 이동해서 물로 바뀌는 것을 알 수 있습니다. 또 다른 방법은….

알겠어요. 압력을 높여서 그래프 위쪽으로 움직이면 돼요.

잘 찾았습니다. 빈 공간을 많이 갖고 있는 얼음에 압력을 가해서 부피를 강제로 축소시키면 물로 변합니다. 일반적인 물질들은 이 그래프에서 고체/액체 경계선이 살짝 오른쪽으로 기울어져 있고 따라서 압력을 높일수록 고체로 변하는 경향이 있지만, 물의 경우는 이 기울기가 왼쪽으로 기울어져 있죠. 그래서 얼음을 세게 누르면 물로 변합니다.

스케이트의 원리도 이것과 관계있다고 들은 것 같은데, 맞나요?

네. 스케이트의 날을 살펴보면 양쪽으로 날이 서 있는데, 사람의 몸무게가 이렇게 가느다란 날에 실리면 그 압력이 수십 기압에 다다릅니다. 그래서 스케이트 날 밑의 얼음이 물로 변하고, 날이 잘 미끄러져 앞으로 나아가도록 도와주죠.

스케이트가 지나갈 때마다 얼음이 물로 바뀐다면 스케이트장이 금세 물바다가 될 것 같은데요.

이 물은 단지 압력 때문에 물로 변했을 뿐 여전히 영하의 온도를 갖고 있습니다. 스케이트가 지나가고 압력이 사라지면 이 물은 즉시 얼음으로 복구됩니다.

익숙한 것들의 마법, 물리 1

4
부력의 원인

얼음이 물에 비해 부피가 크고 밀도가 작아 물에 뜬다고 하셨잖아요. 너무 수준 낮은 질문이지만, 어째서 밀도가 작은 물체가 위에 뜨는 걸까요?

달리 말하면 '부력의 원리'를 묻고 있네요. 절대 수준 낮지 않아요. 실은 저도 부력이 왜 생기는지 진지하게 생각해본 게 오래되지 않았습니다.

정말요?

책에서 부력과 관련한 문제들을 수없이 풀었지만, 부력 자체에 대해 생각해볼 기회는 없었거든요. 단순해 보이는 질문도 그 내면을 들여다보면 그리 단순하지 않은 경우가 많아요.

보통 부력에 대한 과학적인 설명은 이겁니다. "물체는 자신이 밀어 낸 물의 무게만큼 뜨는 힘을 받는다." 하지만 왜 그런지 명쾌하게 설명해주는 경우는 드물어요.

네. 저도 책에서 그 말만 반복해서 들은 것 같아요.

여기 나무토막이 있어요. 나무토막에서 손을 떼면 땅바닥으로 떨어집니다. 왜 그렇죠?

그야 중력 때문이겠죠. 지구가 잡아당기니까.

좋아요. 그럼 같은 나무토막이 물속에서는 왜 가라앉지 않을까요? 여전히 지구가 당기고 있을 텐데요.

음… 어렵네요. 물이 가운데 가로막고 있어서 중력이 약해진 게 아닐까요?

좋은 가설입니다. 하지만 그 말이 맞다면, 나무토막이 물에 들어가기 전에도 중력이 약해지는 일이 일어나야겠죠.

앗, 그렇네요. 제 이론이 엉터리라는 것이 금세 밝혀졌어요.

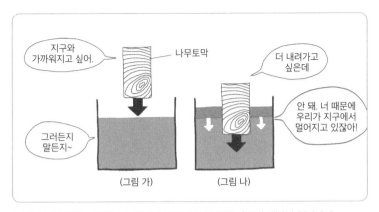

부력 물체 전체의 무게와, 그 물체가 밀어낸 물의 무게 사이에 경쟁이 일어난다.

그래도 그렇게 끊임없이 새로운 가설을 만들어보면서 설명해보려는 시도가 중요합니다. 그러는 과정에서 탐구하는 힘이 생겨나거든요. 중력에 의해 나무토막이 지구 쪽으로 내려가는 것처럼, 물 또한 지구 쪽으로 가려고 합니다. 나무토막이 수면보다 더 아래로 내려가기 위해서는 그만큼 물을 위로 밀어내야만 합니다. 이때부터 나무토막과 물의 '내려가기' 경쟁이 시작되는 것이죠. 물과 나무토막 중 누가 더 셀까요?

물이 더 무거우니까 더 셀 것 같은데요.

네. 하지만 무조건 물이 이기는 것은 아니에요. '나무토막 전체'가 내려가려는 힘과 '나무토막에 의해 밀려난 물'이 다시 내려가려는 힘 사이의 경쟁이거든요.

나무토막이 잠기기 전(그림 가)이나 충분히 잠기지 않았을 때는 밀려난 물이 그리 많지 않아서 나무토막이 내려가려는 힘이 더 셉니다. 그러다 나무토막이 좀 더 깊이 잠기면(그림 나) 밀려난 물이 많아져서 이제는 물이 이기게 되죠.

아, 그럼 적당히 잠겨 있을 때 두 힘이 같아지겠군요.

맞아요. 그때가 바로 평형을 이루는 순간이에요. 편의상 '밀어낸 물의 무게'를 부력이라고 명명하고, "물체의 무게와 부력이 같아지는 순간 멈춘다"라고 설명합니다.

이제 왜 부력을 그렇게 부르는지 조금 이해가 되네요.

10kg짜리 철뭉치를 물속에 넣으면 가라앉습니다. 철뭉치가 물속 끝까지 잠겨도 밀어낸 물의 무게가 고작 3kg밖에 안 되기 때문이죠. 지구에 가까이 가기 위한 경쟁에서 철은 항상 물을 이기는 것처럼 보여요. 그렇다면 철을 물 위에 띄우는 방법은 없을까요?

방금 설명대로라면 철이 뜨기 위해서는 10kg 이상의 물을 밀어내야 하는데, 그럴 리가 없잖아요.

있습니다. 철을 얇게 펴서 가운데가 비어 있는 공이나 그릇 모양으로 만드는 겁니다. 그럼 부피가 커져서 반만 잠겨도 10kg의 물을 밀

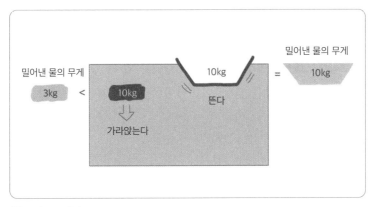

철을 띄우는 방법

어내고 떠 있을 수 있습니다.

오! 그러고 보니 철로 만든 배가 뜨는 이유가 바로 그거였네요.
또 궁금한 게 있어요. 잠수함은 물속에서 떴다 가라앉았다 마음대
로 하는데, 어떻게 그게 가능할까요? 가라앉는 거야 잠수함 내부의
공기를 빼버리고 물을 채우면 되겠지만, 다시 뜨고 싶을 때는 어떻
게 할까요?

예를 들어, 잠수부가 공기가 들어 있는 아주 큰 주사기를 하나 갖고
있다고 해봅시다. 가라앉고 싶으면 피스톤을 밀어 공기를 압축시키
면 돼요. 주사기의 부피가 줄어드니 그만큼 부력도 줄어들어 가라
앉겠죠? 마찬가지로 다시 뜨고 싶다면 피스톤을 잡아당겨 부피를
늘리면 됩니다.

공기를 바깥으로 빼지 않고 압축, 팽창만 반복하면 되는군요.

잠수함도 그런 식으로 내부의 공기탱크를 압축, 팽창시키는 거죠. 물고기가 원하는 대로 떴다 가라앉았다를 반복하는 것도 같은 원리고요.

혹시 물고기의 부레를 말씀하시는 건가요?

네. 물고기는 공기주머니인 부레를 자신의 근육을 이용해 압축, 팽창시켜 부력을 조절해요. 사람은 비록 부레는 없지만 몸을 넓게 펴고 허파에 최대한 많은 공기를 담으면 뜨는 데 도움이 됩니다.

그래서 배영을 할 때 몸을 쫙 펴라고 하는 거군요! 이제 이해가 됩니다.

5
물이 투명한 이유

뭘 그리 골똘히 바라보고 있나요?

컵 안의 물을 보고 있었어요. 물이나 유리는 왜 투명할까요?

투명하다는 것은 빛이 아무 방해 없이 그대로 투과한다는 것을 의미합니다.

그럼 불투명한 물체에서는 빛이 반사되나요?

네. 반사도 일어납니다. 하지만 물의 표면에서도 반사가 일어나니까 반사의 유무보다는 빛을 흡수하느냐 흡수하지 않느냐가 더 중요한 차이라고 할 수 있습니다.

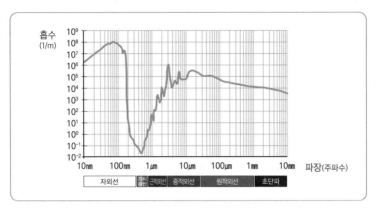

흡수
(1/m)

자외선 | 가시 | 근적외선 | 중적외선 | 원적외선 | 초단파
광선

파장(주파수)

물의 빛 흡수 스펙트럼 물은 대부분의 빛에 대해 불투명하며, 투명한 영역은 가시광선 근처뿐이다.

일반적인 물질은 빛을 흡수하지만 물은 빛을 흡수하지 않기 때문에 투명한 것이군요.

사실 그 말도 정확하진 않아요. 물은 많은 빛을 흡수하거든요. 위 그래프는 파장에 따라 물이 흡수하는 정도를 보여줍니다. 이렇게 빛의 파장에 따른 특성을 나타낸 것을 **스펙트럼**이라고 부릅니다. 예를 들어, 100nm의 자외선에 대해서는 빛 흡수가 심하지만, 400nm의 청색광은 거의 흡수가 없습니다.

그래프에서는 그다지 큰 차이가 없어 보이는데요?

이 그래프의 세로축은 로그(log) 스케일로 그린 거라 한 칸이 10배의 차이를 나타냅니다. 100nm와 400nm의 빛의 흡수율은 10칸이

익숙한 것들의 마법, 물리 1

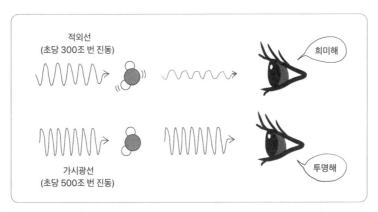

빛의 흡수와 투과 물은 가시광선은 그대로 투과시키지만, 적외선이나 자외선은 흡수한다.

니, 무려 10^{10}=100억 배 차이가 나는 셈이죠.

왜 물은 어떤 파장은 흡수하고, 어떤 파장은 흡수하지 않는 걸까요?

조금 복잡할 수 있지만 설명을 해보겠습니다. 빛은 전기를 띠고 있는 물체를 진동시키는 힘을 갖고 있고, 그 진동 속도는 빛의 파장에 따라 달라집니다. 예를 들어 1초에 300조 번 진동하는 적외선이 있다고 해봅시다.

1초에 300조 번이라니, 그렇게 빠른 게 가능해요?

네. 그게 빛의 놀라운 점이죠. 이 빛은 (+)와 (−)의 전기를 띠고 있는 물 분자를 초당 300조 번 진동시킵니다. 물 분자의 진동은 결국 열과 같은 에너지로 전환되어 물 전체에 흡수되고, 물을 통과한 적외선은 그만큼 약해집니다. 이런 물 분자 층을 여러 개 거치고 나면 적외선은 아주 약해지고, 따라서 적외선에 대해선 불투명하게 보이는 것입니다.

그럼 가시광선은요?

가시광선은 대략 초당 500조 번의 진동수(다른 말로 '주파수'라고도 합니다)를 갖고 있습니다. 그러나 물 분자는 초당 500조 번 흔들리기에는 부적합한 구조를 갖고 있어서 가시광선에 대해서는 별다른 반응을 하지 않고, 빛 역시 에너지를 전혀 잃지 않고 물을 그대로 통과하게 되죠.

너무 빨라서 그런가요?

그렇게 말하기는 어려운 게, 초당 700조 번 흔들리는 자외선에서는 물 분자가 다시 반응합니다. 모든 물체는 그 재질과 구조에 따라 흔들리기 좋은 진동수를 몇 가지 갖고 있는데, 이를 '고유 진동수'라고 합니다. 초당 500조 번은 물 분자의 고유 진동수에 해당하지 않는 셈이지요.

결국 200~1000nm의 빛을 제외하고는 물이 대부분 불투명하다고 봐야 합니다. 만일 어떤 외계인이 가시광선이 아닌 적외선이나 자외선을 인식하는 눈을 갖고 있다면 물은 새까만 잉크처럼 보일 거예요.

개울에 까만 물이 흐르고, 까만 물을 마신다면 끔찍할 것 같아요. 가시광선에서 물이 투명한 게 천만다행이에요. 그런데 이상한 점이 있어요. **빛의 투명한 영역이 왜 하필 우리가 볼 수 있는 가시광선과 일치할까요?**

좋은 질문입니다. 만약 물과 대화를 나눈다면 이런 내용이 오갈 수 있겠네요.

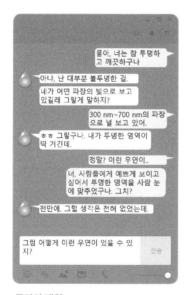

물과의 대화

태양에서는 아주 다양한 파장(또는 진동수)의 빛들이 나옵니다. 적외선과 자외선뿐만 아니라 그보다 훨씬 빨리 진동하는 X선, 감마선도 나오고, 진동수가 느린 마이크로파도 포함되어 있습니다. 하지만 이들은 대기를 통과하면서 만나는 수많은 수증기에 의해 상당 부분 흡수되고, 가시광선과 긴 파장의 라디오파 부근의 빛들만이 지면에 도달합니다(인공위성이 지상과 통신할 때 쓰는 것이 바로이 라디오파 영역입니다).

따라서 우리 눈이 설사 자외선이나 적외선을 볼 수 있는 능력이 있다 하더라도 이들이 지상까지 내려오지 않기 때문에 별 도움이 안 됩니다. 지구에 사는 인간의 눈이 지상에 풍부한 '가시광선'을 보도록 만들어진 것은 그 때문이겠지요.

대기층을 통과한 파장이 '가시광선'으로 자리 잡은 것이로군요.

그렇습니다. 또 다른 이유도 있죠. 우리 눈을 보면 안구 내부가 모두 유리체라는 액체로 채워져 있는데, 유리체의 주성분이 물입니다. 눈 안에 들어온 빛이 유리체를 지나는 동안 물에 흡수되어버린다면 곤란하겠지요. 그래서 인간의 눈은 물을 잘 통과하는 가시광선을 주로 인식하도록 만들어진 것이 자연스럽다고 할 수 있죠.

음, 그러니까 물이 인간의 눈에 투명하게 보이고 싶어서 가시광선을 통과시키는 것이 아니라, 물이 통과시킨 빛을 보도록 인간이 거기에 맞춰진 거네요.

네. 가시광선은 인간이 아니라 물의 특성에 의해 정해진 영역인 셈이지요. 인간이 물이 감싸고 있는 지구에서 태어났고, 물로 이루어진 몸을 갖고 있기 때문입니다.

우리는 물 가운데 생겨났고 물과 더불어 살아가는 존재로군요. 투명한 물을 볼 때마다 그걸 기억하겠습니다.

6
물로 만든 보석

눈송이 사진이네요. 정말 예뻐요. 납작한 꽃잎 모양만 있는 줄 알았는데, 피리랑 모래시계처럼 생긴 것도 있어요. 눈은 어떻게 만들어지나요?

눈 역시 물이 고체 형태가 된 것이긴 하지만, 얼음이 만들어지는 과정과는 조금 다릅니다. 분자끼리 가까이 모여 있는 액체 상태에서 얼어서 만들어진 것이 얼음이라면, 눈은 대기 중에 날아다니던 수증기 분자들이 온도가 떨어지고 움직임이 점점 둔해지면서 하나둘 공중에서 달라붙어 형성되죠.

하늘에서 물 분자들이 아무 생각 없이 뭉쳐져서 만들어진 눈이 어떻게 이런 규칙적이고 정교한 형태를 가질 수 있죠? 손으로 직접 깎아 만들어도 쉽지 않을 텐데 말이에요.

물 분자들이 어떻게 독특한 질서를 가지고 모일 수 있는지 알아볼까요? 다양한 눈송이 모양에서 공통적인 특징 하나가 보이죠?

육각형 말인가요?

네. 얼음이 육각 구조를 가진 것과 같은 이유죠. 하지만 방금 설명한 것처럼 공중에서 물 분자들이 하나씩 다가와서 붙기 때문에 그리 단순하진 않습니다.

물 분자 여섯 개가 만드는 육각형은 아주아주 작은 것이잖아요. 그런데 어떻게 눈송이처럼 돋보기로 볼 수 있을 만큼 커다란 육각형이 되나요?

성장 원리 1: 빈 곳에 더 쉽게 달라붙는다. ➜ 육각형 결정이 만들어진다.

눈결정 성장 원리 1 (출처: www.snowcrystals.com)

눈결정 성장에 대해 연구해온 미국의 케네스 리브레히트(Kenneth Libbrecht) 교수는 다음과 같은 사실을 알아냈습니다.

먼저 몇 개의 물 분자로 이루어진 기본 육각 구조를 위의 그림처럼 육각형으로 나타내보겠습니다. 이 육각 구조들 사이에는 서로 잡아당기는 인력이 작용하기 때문에 여러 개가 모이면 벌집 구조가 만들어집니다.

그 주위를 지나가던 또 하나의 육각 구조가 있을 때, 달라붙을 수 있는 자리는 여러 개가 존재합니다. 하지만 하나의 변과 접하는 곳보다는, 여러 변과 동시에 접할 수 있는 곳이 더 강한 결합을 갖기 때문에 오목한 곳에 붙을 확률이 큽니다. 세 개의 변과 접하는 부분들이 모두 채워지고 나면, 그 최종 모양은 어떤 형태가 될까요?

더 큰 육각형이요.

익숙한 것들의 마법, 물리 1

성장 원리 2: 뾰족한 부분은 더 빨리 자란다. ➔ 나뭇가지 모양을 형성한다.

눈결정 성장 원리 2 (출처: www.snowcrystals.com)

그렇습니다. 가장자리 어디든 또 하나가 새롭게 달라붙으면 그 주변으로 새로운 육각 구조가 달라붙으면서 더 큰 육각형을 이루게 됩니다. 이런 식으로 눈결정은 최종적으로 육각형에서 마무리될 가능성이 큽니다.

하지만 눈송이 중에는 침엽수처럼 뾰족한 것들도 있잖아요.

눈결정이 자라는 또 다른 원리가 여기 있습니다. 어느 정도 큰 규모로 만들어진 육각 형태가 하나 있다고 합시다. 이 주변에 물 분자하나가 빠른 속도로 지나가다가 달라붙는다고 할 때, 꼭짓점과 변가운데 어느 쪽에 더 잘 달라붙을까요?

돌출된 부위가 더 잘 걸려들지 않을까요?

네. 그래서 꼭짓점 모양이 조금씩 부풀게 됩니다. 꼭짓점이 크게 자라서 육각형을 이루면 이젠 다시 이 작은 육각형의 꼭짓점에 달라붙기 시작하고, 이런 일이 반복되다 보면 나중엔 솔잎 모양의 구조를 갖게 되는 것입니다.

아까는 큰 육각형의 빈틈을 메우는 방향으로 자란다고 했는데, 지금은 반대로 튀어나온 부분이 더 뾰족하게 자란다고 하니까 헷갈리네요. 어느 쪽이 맞나요?

그건 대기 조건에 따라 달라집니다. 어떤 경우는 빈틈을 메우는 방향으로 진행되고, 또 어떤 경우는 침엽수처럼 자라나는 거죠.
대기 중의 습도와 온도에 따라 어떤 눈결정이 주로 만들어지는가를 연구한 결과가 다음 표에 정리되어 있습니다. 가로축은 대기의 온도, 세로축은 습도를 나타냅니다. 대체로 습도가 높으면 꽃잎 모양의 눈송이가 만들어지고, 습도가 낮으면 육각 판 모양이 되는 것 같아요. 하지만 단순히 습도와 온도가 정해졌다고 해서 눈송이 모양이 하나로 결정되는 것은 아니에요. 높은 하늘에서 눈송이가 만들어지기 시작한 이후로 지상에 도달하기까지 습도와 온도가 다른 구름을 지나오는데, 눈송이가 지나온 경로에 따라 다양한 형태의 결정이 만들어지기도 합니다.

요새 많이 먹는 눈꽃빙수라고 있잖아요. 어렸을 때 먹던 빙수보다 훨씬 더 부드럽던데, 이것도 눈처럼 만드는 걸까요?

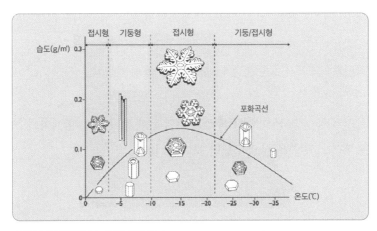

온도와 습도에 따른 눈송이 모양 (출처: www.snowcrystals.com)

예전의 빙수는 얼음 덩어리를 강판에 갈아서 만들었으니, 말하자면 아주 작은 얼음 조각을 먹는 것과 같았습니다. 그런데 눈꽃빙수는 영하 30도 이하의 아주 차가운 금속 드럼에 물을 흘려서 물방울이 닿자마자 얼어붙게 만듭니다. 공중에서 수증기를 얼리는 것은 아니지만, 그것과 유사한 상황을 만든 셈이죠.

맛있는 것을 만들려면 과학도 알아야 하는군요. 눈송이가 생겨나는 원리는 대략 알 것 같은데, 어떻게 저렇게 아름다운 모양이 생겨나는지는 아직도 신기해요.

저도 잘 모를뿐더러, 어떻게 저런 모양이 만들어질 수 있는지 사실 상상이 안 갑니다. 지금까지의 연구 결과도 아주 단편적인 단서만 제공할 뿐 완전한 설명을 해주지 못하고 있죠.

그래요? 과학자들은 뭐든 다 알고 있을 줄 알았는데.

우리가 물이 가진 다양한 특성을 설명할 때 물 분자의 형태와 구조로부터 그 원인을 찾으려 했던 것 기억나죠?

네. 물분자의 기본특성을 잘 이해하고 있으면 물의 다양한 현상을 모두 설명할 수 있다고 하셨어요.

그런 관점을 '환원주의'라고 해요. 어떤 구성요소의 성질을 완전히 파악하면, 그 구성요소로 이루어진 모든 것들의 특성을 다 알 수 있다고 보는 관점이죠. 물이 가진 모든 성질은 물 분자인 H_2O를 알면 이해할 수 있고, 물 분자의 특징은 수소(H)와 산소(O)의 고유한 성질로부터 유추할 수 있다는 것입니다.
환원주의는 과학, 특히 물리학에서 대단한 성공을 거두었지만, 최근에는 환원주의의 한계에 대한 인식이 점점 커지고 있는 것도 사실이에요.

어떤 문제가 있나요?

세상의 모든 것은 백여 가지의 원자로 이루어져 있고, 원자는 양성자, 중성자, 전자 겨우 세 가지 입자들로 이루어져 있습니다(이들은 다시

'쿼크'라는 몇 가지 기본 입자들로 이루어져 있다고 알려져 있습니다). 환원주의를 극단적으로 적용하면, 이 세 가지 입자들의 성질만 완전히 파악하면 원자들의 특성은 물론, 이들로 이루어진 세상의 모든 것, 나무와 돌과 장미꽃과 강아지의 특성을 다 설명하고 예측할 수 있어야 합니다. 하지만 그것이 가능할까요?

그건 어려울 것 같아요.

네, 불가능하죠. 만약 환원주의가 완벽하다면, 생명 현상을 다루는 생물학은 화합물들의 성질을 연구하는 화학으로 환원되고, 화학의 모든 것은 원자들과 기본 입자들의 성질을 탐구하는 물리학으로 모두 환원되어야 하는데, 현실은 그렇지 않습니다. 각각의 단계에는 그에 맞는 새로운 지식과 새로운 관점이 요구됩니다.

인간 사회도 그런 것 같아요. 한 사람의 행동 양식을 완벽히 안다고 해도 그런 사람들이 모여서 이루어지는 경제나 정치, 문화 등은 여전히 예측 불가능하고, 따라서 다른 차원의 접근이 필요하니까요.

바로 그겁니다. 과학자들은 수소나 산소 그리고 물 분자 자체에 대해서는 아주 세밀한 것까지 파악하고 있지만, 수억 개의 물 분자가 모였을 때 이런 형태의 눈결정이 만들어지리라고는 전혀 상상하지 못했어요. 지금도 여전히 이해하지 못하고 베일에 싸여 있는 부분이 많습니다.

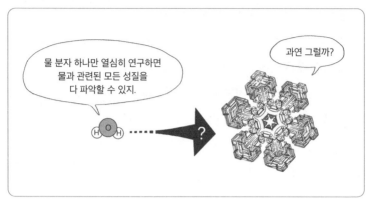

환원주의

좀 엉뚱한 이야기지만, 애니메이션 〈겨울왕국〉에 나온 것처럼 팔을 휘두를 때마다 손끝에서 눈이 나오고, 얼음이 생기는 일도 과학적으로 가능할까요? 그런 마법이 실제로 가능하다면 좋겠어요.

음, 쉽지 않겠죠. 스키장에서 사용하는 제설기가 현재로선 '엘사의 손'과 가장 유사한 기술인 것 같네요.

마법이라고 하니 생각나는 이야기가 있습니다. 수년 전 서울의 한 고층 빌딩에서 새해를 맞이해서 인공 눈을 뿌린 적이 있어요. 떨어질 때는 정말 눈이 오는 것처럼 멋져서 환호성을 질렀지만, 다음 날 아침이 되자 많은 시민들이 불평을 했습니다. 그 인공 눈이라는 게 사실 작은 종잇조각들을 날린 것이었거든요. 졸지에 도시 전체가 쓰레기를 뒤집어쓴 꼴이 되었죠.

하지만 진짜 눈은 전혀 다릅니다. 밤새 내려서 온 천지를 새하얀 세상으로 만들어놓지만, 해가 뜨면 쓰레기가 되는 대신 물로 바뀌어 대지를 적시고 생명을 살리니까요.

그렇네요. 지구의 생명체에 꼭 필요한 물이 하늘에서 비로, 눈으로 내려온다니 참 낭만적이에요.

게다가 금세 녹아 사라질 눈송이 하나하나마저 비싼 보석보다 더 정교하게 만들어져 있으니, 이것이야말로 마법이라고 부를 만하지 않을까요?
마지막으로 헨리 데이비드 소로(Henry David Thoreau)라는 작가가 쓴 글을 소개합니다. 그가 어느 날 밤하늘을 바라보니 별들이 하얗게 총총히 빛나고 있었습니다. 그런데 돌연 그 별들이 흔들리는 듯하더니 아래로 미끄러지기 시작했습니다. 까만 하늘을 지나 눈앞에 떨어지고, 외투에도 내려앉은 그것은 눈송이였습니다.

이런 결정을 만들어낼 수 있다니, 대기란 천재적인 창조성으로 가득하구나! 진짜 별들이 떨어져 나의 외투에 내려앉았다 해도 이처럼 놀라울 수는 없을 것이다.
- 헨리 데이비드 소로

정리

1. 물 분자는 +/-의 전기적 극성으로 인해 서로 _____ 성질이 강하며, 그래서 그물구조를 이룬다.

2. 물은 비열이 커서 온도가 쉽게 변하지 않는다. 또한 얼음에서 물, 물에서 수증기로 바뀔 때 많은 _____을/를 필요로 한다.

3. 얼음은 물보다 부피가 커서, 얼음에 _____만 가해도 물로 바뀌는 경향이 있다.

4. 물은 가시광선 영역에서만 투명하다. 그 이유는 물이 투과시킨 빛의 영역을 감지하도록 우리 _____이 만들어졌기 때문이다.

5. 물체의 무게와 물체가 밀어낸 물의 무게 중 어느 것이 크냐에 따라 뜨고 가라앉음이 결정된다. 물체가 밀어낸 물의 무게를 _____이라고 한다.

6. 물리학은 물질의 기본 구성요소를 탐구함으로써 물질의 특성을 알아내려는 _____주의를 취한다. 이는 지금까지 큰 성공을 거두었으나, 많은 영역에서 그 한계를 드러내고 있다.

---

1. 잡아당기는 2. 에너지(열) 3. 압력 4. 눈 5. 부력 6. 환원

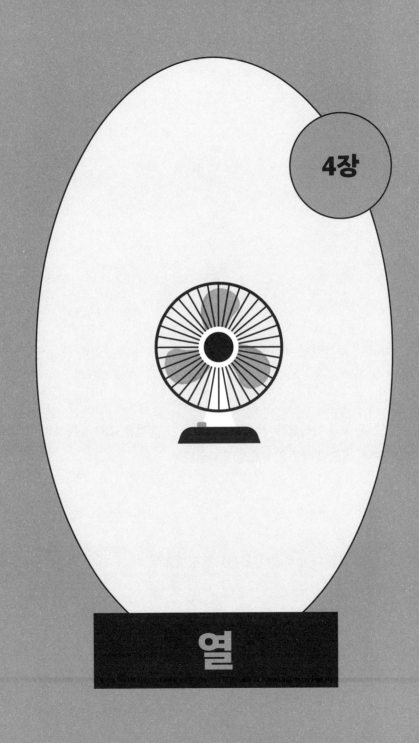

4장

열

1
온도란

좀 전에 화장실에 가서 물을 틀었는데, 갑자기 뜨거운 물이 나와서
깜짝 놀랐어요.

뜨거운 물과 찬물은 뭐가 다를까요? 둘 다 똑같은 H_2O 분자로 이
루어져 있으니 성분은 같을텐데 말입니다.

온도가 다르겠죠?

좋아요. 그럼 다시 묻습니다. 온도가 뭘까요?

뜨거운 정도를 말하는 것 같은데요.

'뜨겁다'는 감각은 객관적인 기준으로 삼기에는 부적합해요. 같은 온도의 물이라도 어떤 사람은 50만큼 뜨겁다고 할 테고, 어떤 사람은 30 정도밖에 안 된다고 할 테니까요.

그럼 온도를 어떻게 정의하죠?

온도는 분자들의 운동 상태를 가리킵니다. 즉, 뜨거운 물은 분자운동이 아주 활발하고, 차가운 물은 분자운동이 둔합니다. 손을 넣어서 뜨겁다고 느끼는 것은 물 분자들이 우리 피부를 세게 때려서 그렇고, 차갑다고 느끼는 것은 물 분자들이 피부를 아주 느리게 건드리기 때문입니다.

정리하면, **'온도란 분자운동이 활발한 정도'** 라고 말할 수 있습니다. 물리학에선 온도를 훨씬 더 엄밀하게 정의하지만 말입니다.

그 얘기는 20도의 물은 10도의 물보다 분자운동이 두 배 더 활발하다는 뜻인가요? 그런 의미라면 -10도의 얼음은 뭐라고 말해야 할지 좀 애매한데요.

좋은 지적이에요. 이런 문제가 생기는 이유는 우리가 사용하는 섭씨온도의 수치가 과학적인 근거를 갖고 만들어진 것이 아니라, 단순히 물이 어는 온도를 0, 물이 끓는 온도를 100으로 해서 그 기준을 임의로 선택해버렸기 때문입니다. 그래서 분자운동의 관점에서는 온도를 새로 정의할 필요가 있어요.

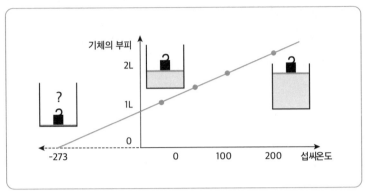

온도에 따른 기체의 부피

18세기에 샤를(Charles)이라는 과학자는 기체의 부피가 온도에 따라 어떻게 변하는지를 측정했습니다. 높은 온도에서는 2L가 넘는 부피를 가진 기체가 영하로 내려가자 그 부피가 절반으로 줄어들었습니다. 그 밖에 여러 온도에서도 측정해보니 재미있게도 일직선의 그래프가 그려졌습니다. 당시 기술로는 온도를 영하 아래로 많이 낮추지는 못했지만, 만일 이 관계가 계속된다면 영하 273도에서 기체의 부피가 0이 될 것처럼 보였지요.

그런데 온도랑 기체의 부피가 무슨 상관이 있는 거죠?

이 실험은 외부의 일정한 압력, 즉 1기압 상태에서 이루어집니다. 또는 피스톤 위에 일정한 무게를 가진 추가 올려져 있다고 상상해도 됩니다. 공기 분자들이 내부에서 막 날아다니면서 피스톤의 아래쪽 면을 때리고 그래서 저 공간을 유지하는 거예요. 그러다 온도

익숙한 것들의 마법, 물리 1

가 내려가면 공기 분자들이 느려지고, 따라서 피스톤을 쳐 올리는 힘도 약해지게 되죠.

힘의 균형이 깨지면 피스톤이 끝까지 주저앉나요?

그렇지 않아요. 피스톤이 내려가면 공간의 높이가 줄어들기 때문에 같은 온도의 분자라도 더 자주 피스톤과 부딪혀서 더 큰 힘을 냅니다. 그래서 피스톤이 적당히 내려오면 다시 균형을 유지하게 되죠.

아하, 그래서 온도에 따라 피스톤의 높이가 달라지는군요. −273도에서 기체의 부피가 0이 된다는 것은 공기 분자들의 운동이 없어졌다는 뜻인가요?

네. 모든 분자들의 운동이 완전히 정지한 상태입니다. 물론 운동이 정지해도 분자들 자체의 크기가 있으니 실제로 부피가 완전히 0이 되지는 않습니다. 어쨌든 이 −273도를 새로운 온도의 영점으로 잡아 섭씨온도 대신 '절대온도' 또는 '켈빈온도'라고 부르기로 했습니다. 예를 들어 0℃는 절대온도로 273K가 됩니다.

> 절대온도 = 섭씨온도+273K
> = 분자운동이 활발한 정도
> = 분자들의 평균 운동에너지
> (절대 영도인 0K(−273℃)에서는 모든 분자들의 운동이 멈춘다.)

0℃에도 273만큼의 분자운동이 남아 있다는 거네요.

그렇죠. 여기에 −73℃의 아주 차가운 공기와, +127℃의 뜨거운 공기가 있다고 해봅시다. 절대온도로 환산해보면 200K와 400K로서 두 배 차이밖에 나지 않는 거죠.

그런데 분자운동이 활발한 정도라는 것도 여전히 애매한 표현 아닌가요?

맞습니다. 분자들의 평균 운동에너지라고 말하는 것이 더 정확합니다. 한 물체(또는 분자)의 운동에너지는 $1/2mv^2$으로 계산됩니다. 이때 m은 물체의 질량이고, v는 속력입니다. 만약 0.1kg짜리 공이 초속 2m로 날아간다면 운동에너지는 0.2가 됩니다.

질량이 클수록, 속도가 빠를수록 운동에너지가 큰 것이로군요.

400K 공기의 분자들은 200K 공기의 분자들보다 평균적으로 2배 더 많은 에너지를 갖고 있는데, 분자들의 질량이 서로 동일한 경우 속력이 $\sqrt{2}=1.4$배 차이가 난다는 뜻이기도 합니다.
물론 기체 분자들이 움직이다가 다른 분자와 충돌하면 그 충격으로 갑자기 빨라지기도 하고 느려지기도 합니다. 그래서 온도를 말할 때는 이 방에 존재하는 분자들의 '평균적인' 에너지를 가리킵니다.

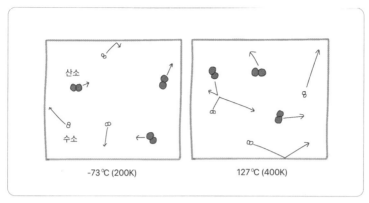

산소

수소

-73℃ (200K)

127℃ (400K)

온도와 운동에너지 온도가 같다면 분자의 종류에 관계없이 평균 운동에너지는 같다. 절대온도가 2배가 되면 분자들의 평균 운동에너지도 2배가 된다.

분자의 속력이 1.4배만 빨라져도 아주 뜨거운 상태가 되는군요.

네. 손이 얼어붙을 것 같은 0도의 물과 손이 데이는 70도의 물도 분자 속력으로 보면 겨우 10% 정도 차이가 날 뿐입니다.

그런데 공기에는 산소, 수소, 질소 등 다양한 분자들이 뒤섞여 있잖아요. 온도가 같다면 속력도 같을까요?

이 방의 온도는 약 27℃이고, 이 안에 있는 산소나 수소 분자 모두 300K의 온도를 갖기 때문에 이들의 평균 운동에너지($1/2mv^2$)는 같습니다. 하지만 수소 분자와 산소 분자의 질량은 32:2로 무려 16배 차이가 납니다. 따라서 평균 속력은 그것의 제곱근인 4배 차이가 나게 되죠. 따라서 이 방 안에서 수소는 산소보다 4배 더 빠른 속도로 날아다닌다고 할 수 있습니다.

빠른 수소 분자와 느린 산소 분자가 서로 부딪히면 속력이 평준화될 것 같은데, 아닌가요?

그렇지 않습니다. 비슷한 속력에서 질량이 작은 공과 큰 공이 부딪히면 질량이 작은 공은 빨라질 가능성이 큰 반면, 무거운 공은 쉽게 속력이 붙지 않습니다. 사람과 트럭이 충돌할 때 늘 빨리 튕겨 나가는 쪽은 사람이라는 것을 떠올려보세요. 공기 분자들도 질량에 상관없이 평균 에너지는 늘 같은 값을 유지합니다.

공기 분자의 경우 온도에 따라 속력이 달라졌다면, 돌이나 나무 같은 고체는 온도에 따라 어떻게 변할까요?

돌이나 나무는 그 구성 분자들이 기체처럼 자유롭게 돌아다니지 못하는 대신 제자리에서 진동을 합니다. 그리고 그 진동의 심한 정도가 바로 온도이고요.

진동이라면, 이 책상의 표면도 지금 바르르 떨고 있다는 뜻인가요?

그런 셈인데, 북이나 스피커의 표면이 바르르 떨리는 것과는 좀 다릅니다. 소리를 낼 때는 모든 면이 동시에 진동하는 것에 비해 열에 의한 진동은 각 분자마다 제각기 마구잡이로 진동을 하거든요. 게

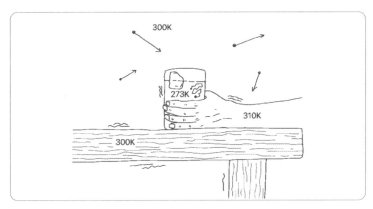

진동하는 물체들 기체는 날고, 액체는 헤엄치며, 고체는 떨고 있다.

다가 흔들리는 진폭도 너무 작기 때문에 인간의 감각으로는 떨림이 아닌, 단지 따뜻함으로 느껴질 뿐입니다.

이 방 안의 모든 물체가 미세한 진동을 하고 있다니, 놀랍네요. 현미경으로도 확인할 수 없는 이런 사실들을 어떻게 알아냈을까요?

우연히 꽃가루를 관찰하다가 발견했습니다. 로버트 브라운(Robert Brown)이라는 식물학자가 물 위에 떠 있는 꽃가루 입자를 현미경으로 관찰하다가, 아무런 외부 진동이 없는데도 꽃가루가 끊임없이 불규칙적인 운동을 한다는 것을 관측해냈어요. 사실 그전에도 흔히 보아왔던 현상인데, 그저 물의 대류 현상 때문이라고 하거나, 꽃가루가 살아 있기 때문이라고 치부해버렸죠.
그러나 브라운은 물의 움직임이 안정화되었을 때도, 꽃가루가 아닌 금속 가루를 뿌렸을 때도 비슷한 움직임을 보인다는 것을 알아냈어요. 이후 시간이 흘러 한 과학자가 물이 수많은 입자로 이루어져 있고, 그 입자들이 옆에서 계속 충돌하면 이런 현상이 생길 수 있다고 밝혀냈습니다.

물이 물 분자로 이루어져 있다는 것을 그 당시까지 모르고 있었단 말인가요?

네. 분자의 존재뿐 아니라 열적 진동 모두 모르던 시절이죠. 추측할 수는 있지만 그 사실을 증명하기는 어려웠습니다.

그는 일단 물이 아주 작은 입자, 지금으로 말하자면 물 분자들로 이루어져 있고, 물 분자들이 끊임없이 움직이는데, 그 움직임이 온도 T에 비례한다고 가정해보았습니다. 그리고 반지름 r을 가진 가루가 온도 T의 물에서 t초가 흐른 후 처음 자리에서 어느 정도 벗어날지 예측하는 식을 만들었는데, 그게 다음 그림의 식입니다. 물 분자의 존재를 직접 확인하는 건 불가능했지만 꽃가루가 시간당 얼마나 움직이는지는 실험으로 측정할 수 있었죠.

그래서 어떻게 되었나요?

놀랍게도 이 식은 잘 들어맞았고, 그 말은 이 식을 만들 때 사용한 가정이 맞을 확률이 매우 크다는 뜻이었어요. 이 식을 만든 사람이 그 유명한 아인슈타인입니다.

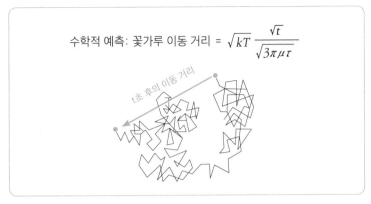

$$\text{수학적 예측: 꽃가루 이동 거리} = \sqrt{kT}\,\frac{\sqrt{t}}{\sqrt{3\pi\mu\tau}}$$

t초 후의 이동 거리

꽃가루 이동 거리

오, 역시 아인슈타인!

이 결과를 통해 이 세상의 모든 물질이 분자 및 원자라는 아주 작은 입자들로 이루어져 있다는 획기적인 생각에 다가서게 되었습니다. 이렇게 과학은 어떤 실체를 직접 목격해서 알아내기보다는 몇 가지 가정을 바탕으로 예측을 하고, 실험을 통해 그 예측을 확인함으로써 실제 세계가 어떻게 구성되어 있는지 간접적으로 유추해냅니다.

범죄 현장을 직접 목격하지 않고도 범인을 찾아내는 추리와 비슷하네요.

그렇죠! 그리고 실험 결과와 맞지 않다면 처음 가정부터 다시 수립하게 됩니다.

전 추리소설을 좋아하는데, 과학적 추리는 그보다 훨씬 어려워 보이지만 재미있을 것 같아요.

참! 예전에 공기 이야기하다가 넘어갔던 질문이 생각나네요. '공기 분자는 어떻게 멈추지 않고 계속 이 방 안을 날아다닐 수 있을까?'

알려줘서 고마워요. 분자가 아닌 고무공을 벽에 던진다고 생각해 보세요. 가만히 있던 벽이 공의 충돌 때문에 미세한 진동을 하게 되고, 그만큼 공의 에너지, 즉 속력이 줄어들겠죠? 만약 이미 진동을 하고 있는 벽에 공을 던졌다면 어떻게 될까요?

공의 속력이 더 빨라질 수도 있겠죠.

바로 그겁니다. 진동하는 벽! 벽의 분자들도 실온에 해당하는 에너지를 가지고 계속 진동하고 있거든요. 진동하는 벽 분자에 공기 분자가 부딪히면, 속력이 때론 더 빨라지고 때론 더 느려지면서 평균적으로는 변화가 생기지 않습니다.

그렇군요. 벽의 분자도 진동하고 있다는 생각을 전혀 못했어요. 하지만 그것 말고도 이상한 점이 또 있어요. 공끼리 충돌할 때 마찰이 생기면서 에너지를 잃는 것처럼, 분자들끼리 자꾸 충돌하다 보면 점점 에너지를 잃게 되는 것 아닐까요?

맞습니다. 움직이는 물체의 에너지는 전체 덩어리로서의 움직임 말

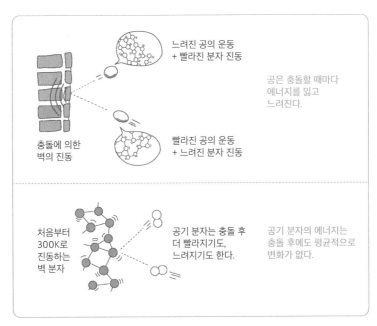

공과 분자의 벽 충돌

고도 그 물체를 이루는 구성요소들의 자잘한 움직임, 이 두 가지로 존재합니다. 전체 덩어리로서의 움직임을 보통 (외적인) 운동에너지라고 하고, 분자들의 움직임을 열이라고 말하죠.
공이 다른 공이나 벽과 부딪히면서 마찰이 발생하게 되면 공의 속도가 느려지고 대신 공을 이루는 분자들의 진동이 활발해집니다. 이를 두고 외적인 운동에너지가 열로 바뀌었다고 말하죠.

총 에너지 = 거대 운동(외적)에너지 + 열(내적)에너지

그럼 분자들의 충돌에서도 똑같이 적용되어야 하는 것 아닌가요?

분자는 물질을 이루는 가장 작은 요소에 해당하기 때문에 분자의 내적 에너지에 해당하는 것이 없습니다(엄밀하게 말하면 분자/원자에도 전자궤도라는 내부 구조가 있는데, 이는 뒤에서 다시 설명하겠습니다). 빵으로 예를 들어볼까요? 제빵실에서 빵을 굽고, 옮기고, 자르고, 담는 과정에서는 빵가루가 조금씩 떨어져나가기 때문에 빵의 크기가 조금씩 줄어들게 됩니다. 말하자면 '빵의 양'이 마찰에 의해 조금씩 사라지는 거죠.

그런데 만약 제빵실에 존재하는 '빵가루의 양'을 살펴본다면, 이 값은 절대 줄지 않습니다. 빵가루가 다른 존재로 바뀌어 사라질 수 없으니까요.

오, 그렇군요. 열이라는 것은 가장 작은 조각들의 진동을 가리키는 말이니, 그 조각들끼리 마찰이 일어나서 또 다른 열이 생긴다는 것은 말이 안 되겠네요.

그렇습니다. 따라서 분자들은 백 번이고 천 번이고 서로 충돌을 해도 그 에너지를 전혀 잃지 않고 방 안을 무한히 돌아다닐 수 있는 것입니다.

마지막으로, 온도와 열의 차이에 대해서 정리해볼까 해요. 일상적으로 우리는 온도와 열을 혼동해서 쓰는 경우가 많습니다. 한 아이가 39도의 고열을 앓고 있을 때 "열이 많다"고 말하는 경우가 그렇지요.

그럼 온도가 높다고 말해야 하나요?

네. 온도는 에너지의 질적인 측면을 나타내는 반면, 열이란 것은 에너지의 양을 가리키는 개념이거든요. 똑같이 39도의 온도를 갖고 있더라도 몸무게가 많은 아이가 더 많은 열을 갖고 있습니다.

그럼 36.5도의 성인은 39도의 어린이보다 열이 더 많겠네요.

맞아요. 일상생활에서는 큰 문제가 안 되지만, 과학적 사실을 다룰 때는 열과 온도를 헷갈리지 않도록 주의해야 해요.

2
온도가 변할 때 일어나는 일들

마시멜로를 가져다가 촛불에 구워볼까요? 어떤 일이 일어나는지 잘 보세요.

뜨거워지니 마시멜로가 부풀기 시작해요. 어떤 부분은 녹아서 액체가 되고요. 달콤한 냄새도 나요. 앗, 불이 붙었어요. 후-후- 이런, 까맣게 타버렸네요.

우리가 한 일은 불 근처에 마시멜로를 갖다 대서 온도를 높인 것뿐인데, 어떻게 이런 여러 가지 일이 일어난 걸까요?

불 근처에서 산소와 결합한 분자들이 빠른 속도로 날아다니고, 이들이 마시멜로와 부딪혀서 마시멜로 분자들을 심하게 진동시킨 거죠?

그렇지요. "열은 어떤 일을 할까?" 또는 "높은 온도에서는 무슨 일이 벌어질까?"라는 추상적인 질문을 좀 더 구체적으로 바꾸어보면 **"물체의 분자운동이 활발해지면 어떤 일이 일어날까?"**가 됩니다.

분자운동이 활발해지면 서로 붙어 있던 분자들이 떨어져버릴 것 같은데요?

네. 그게 고체나 액체 상태에서 기체로 넘어가는 과정이죠. 고체였던 마시멜로가 녹는 것이 그렇고, 냄새가 나는 것도 마찬가지입니다. 마시멜로 분자들이 공기 중을 날아서 코로 들어가 후각세포를 자극하면 우리가 냄새를 맡게 되는 것이니까요.

아, 그래서 찬 음식보다 따뜻한 음식이 더 냄새를 많이 풍기는 것이군요. 분자들이 활발해지면 또 어떤 일이 일어날까요?

열의 두 번째 효과는 물체의 부피가 늘어난다는 것입니다. 고체를 형성하는 다양한 원자들이 제자리에서 진동을 심하게 하면 원자들 사이의 간격이 약간 늘어나는 효과가 생깁니다.

맞아요. 지난번에 물이나 얼음의 부피도 온도에 따라 조금씩 달라진다고 하셨어요. 온도가 오를수록 부피도 늘어났잖아요.

잘 기억하고 있군요. 고체나 액체의 경우에는 이 효과가 아주 작아

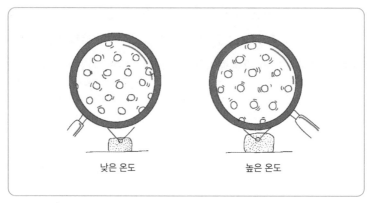

낮은 온도   높은 온도

온도에 따른 부피 변화 온도가 높아지면 분자 사이의 간격이 넓어지면서 부피가 팽창한다.

서 정밀하게 측정해야만 그 부피 변화를 관찰할 수가 있어요. 마시멜로가 눈으로 볼 수 있을 만큼 크게 부푼 이유는 내부에 갇혀 있던 공기 분자들의 움직임이 빨라지면서 내부 기포의 부피가 늘어났기 때문입니다. 기체의 부피 변화는 아주 크거든요.

전에는 초코파이 주변의 기압을 낮추어서 마시멜로를 부풀게 만들었는데, 마시멜로 자체의 온도가 높아져도 비슷한 일이 일어나는군요. 그러고 보니 중학생 때인가, 온도에 따라 기체의 부피가 팽창하는 실험을 했던 것 같네요.

그때 온도는 무엇으로 쟀습니까?

알코올온도계요.

그렇다면 그 실험의 결과는 뻔한 거네요.

왜요? 그때 꽤 신기해 보였는데요.

알코올온도계의 눈금이 올라갔다는 것은 알코올이 팽창했다는 뜻이니까, 따라서 그 실험의 결론은 "알코올이 팽창할 때 기체의 부피도 함께 팽창했다"는 것에 지나지 않습니다.

앗, 그렇네요. 알코올온도계를 사용할 때 이미 온도에 따라 물질의 부피가 팽창한다는 사실을 인정한 것이로군요. 그러고 보면 알코올의 부피가 온도에 따라 참 많이 변하네요.

액체 중에서는 비교적 많이 변하는 편이지만 물과 큰 차이가 있는 것은 아니에요. 실제로는 부피의 1%도 변하지 않죠.

그런데 왜 손만 대도 이렇게 죽죽 올라가나요?

다음 〈온도계의 구조〉 그림을 보면 아래쪽에는 굵은 통이 있고, 여기에 가느다란 기둥이 연결되어 있죠? 통 안에 있는 알코올 부피가 조금만 늘어나도 기둥을 타고 죽죽 올라가도록 만든 것입니다.

그럼 전 아래의 통을 이것보다 훨씬 크게 만들어서 0.1도나 0.01도까지 잴 수 있는 아주 민감한 온도계를 만들어 볼래요.

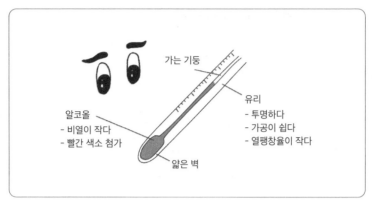

온도계의 구조

이상적으로는 가능해 보이지만, 단점이 있습니다. 통 안의 알코올이 외부 온도와 똑같이 변하기까지 시간이 아주 오래 걸리겠죠. 게다가 물 온도를 재겠다고 그렇게 큰 온도계를 컵에 담근다면 온도를 정확하게 측정할 수 있을까요?

아, 온도계 때문에 물의 온도가 변할 수도 있겠네요.

네. 그렇기 때문에 온도계의 접촉 부위는 가능한 최소한의 크기로, 그리고 열전달도 빨리 일어나도록 알코올을 감싸는 유리벽은 얇게 만들어야 합니다.

잠깐만요. 이상한 점이 있어요. 온도가 올라가면 알코올이 담겨 있는 이 유리관도 동시에 팽창하는 것 아닌가요? 그럼 알코올이 팽창

해도 눈금이 변하지 않아야 할 것 같은데요.

예리한 지적이에요. 그런 이유 때문에 알코올을 담은 용기는 온도에 따라 잘 팽창하지 않아야 해요. 유리가 바로 그렇습니다. 게다가 유리는 투명하기도 하니까 온도계로 쓰기에 안성맞춤이죠.

이런 간단한 온도계 하나 만드는 데도 고려할 점들이 참 많군요.

온도가 바뀔 때 일어나는 변화 중 세 번째는 물질의 분자구조가 바뀐다는 것입니다.

아까 마시멜로가 까맣게 타버린 경우처럼요?

네. 부풀거나 말랑해진 마시멜로를 다시 식히면 대부분 원래 모습으로 돌아오는데, 한번 타버린 마시멜로는 복구가 거의 불가능합니다. 앞의 변화들은 '물리적 변화'라고 부르는 반면, 타는 현상은 '화학적 변화'라고 부릅니다. 마시멜로를 이루고 있던 수소와 탄소가 공기 중의 산소와 결합해서 새로운 분자들로 바뀌어버린 거예요.
물체의 온도가 계속 올라가 진동이 너무 심해지면 기존의 분자들(마시멜로의 경우에는 주로 탄소와 수소)을 연결하던 결합이 해체되고, 주변의 분자들과 다른 방식으로 결합할 수 있는 가능성이 열리게 돼요.
즉, 온도를 높인다는 것은 일종의 혁명과 같습니다. 기존의 체계를 흔들고, 기존 질서에 안주하지 못하도록 함으로써 새로운 조합, 새로운 구조를 찾아 나서도록 촉구합니다. 열의 혁명이 일어나고 나면 대부분의 물질이 더 강한 결합, 더 안정된 형태를 찾게 되죠. 우리가 큰 역경을 겪게 되면 늘 반복되던 일상생활이 멈추고, 인생의 새로운 전환기를 맞이하는 것처럼 말입니다.

그런데 왜 타고 남는 물질이 생길까요? 그리고 왜 남는 물질은 항상 까만지 궁금해요.

탄소와 수소로 이루어진 물질이 완전연소를 하면 이산화탄소 기체와 수증기로 변해야 해요. 하지만 온도가 충분히 높지 않거나 산소가 불충분하면 탄소의 일부가 이산화탄소로 바뀌지 못하고 탄소 덩어리로 결합한 채 남게 됩니다. 연필심의 재료인 흑연과 비슷한 상태가 되는 거죠. 이 탄소 덩어리는 다양한 공진 주파수를 갖고 있어서 빨주노초파남보 모든 빛을 다 흡수합니다. 그래서 까맣게 보이는 거예요.

완전연소를 해야 깔끔한 거로군요.

자동차의 휘발유도 완전연소를 하면 이산화탄소와 물만 나와서 상대적으로 오염이 적은 데 반해, 불완전연소에 가까워질수록 시꺼먼 매연이 더 많이 배출됩니다.

온도가 오르면 물질의 상이 변하고, 부피가 늘어나고, 화학적 변화가 일어난다고 하셨는데, 그것 말고도 뭐가 더 있나요?

또 하나 중요한 게 있어요. **'높은 온도의 물체는 빛을 낸다'**는 사실입니다.

아, 마시멜로에 불이 붙어서 빛나는 거요?

아뇨. 불이 붙지 않은 상태에서도 빛은 납니다. 이 이야기는 뒤에서 다시 다룰 예정입니다.

끝나기 전에 마지막 질문이 있습니다. 우리 몸은 36.5도의 온도를 유지해야 하잖아요. 그 말은 **'우리 몸의 분자들이 적당한 수준으로 떨고 있어야 한다'**는 뜻인데, 그게 왜 중요할까요?

우리 몸은 세포들로 이루어져 있고, 그 안에는 다양한 소기관들이 존재합니다. 이 안에서 산소나 영양분이 계속해서 오가는데, 오토바이 배달처럼 원하는 장소로 직진해서 가는 경우는 드뭅니다. 물의 열적인 진동에 의해 영양분이나 특정 분자가 사방으로 흩어질 뿐이죠.

그냥 마구잡이로 움직인다는 것인가요?

네. 또 어떤 소기관이 특정한 역할을 수행할 때도 분자들이 이리 붙었다 저리 붙었다 하면서 수소결합처럼 약한 결합이 쉴 새 없이 연결되었다 떨어졌다를 반복하는데, 이 모든 것이 열적 진동에 의해 이루어집니다.

몸의 세포가 적당히 떨고 있지 않으면 아무 일도 일어날 수 없다는 거네요. 그럼 온도가 높을수록 생체 활동이 더 왕성히 일어나니까 좋은 것 아닐까요?

진동이 너무 심해지면 모든 연결이 다 떨어져서 오히려 혼란 상태가 올 수 있어요. 더 심해지면 세포 소기관을 구성하는 화학적 결합마저 끊어지게 되고요. 그렇기 때문에 우리 몸이 정상적인 활동을 하려면 적당한 진동 상태를 유지해야 하고, 그것이 36.5도에 해당합니다.

그래서 손을 너무 뜨겁거나 차가운 물에 넣으면 위험한 것이로군요. 손에 있는 피부 분자들의 진동이 너무 강해지거나, 너무 둔해지니까요.

맞아요. 우리 몸은 그런 위험을 감지해서 뜨겁거나 차갑다는 통증을 느낍니다. 빨리 위험에서 벗어나라는 경고죠.

이 세상 모든 존재들은 가만히 있는 것이 아니라 끊임없이 흔들리고 있었군요.

3
퍼져가는 열

지난주에 MT 가서 캠프파이어를 했는데요, 초등학교 이후로 정말 오랜만에 보는 모닥불이었어요. 그런데 신기한 경험을 했어요. 꺼져가는 불을 살리겠다고 한 친구가 장작 위에 기름을 붓자 불이 확 일어났는데, 그 순간 누가 뜨거운 물을 부은 것처럼 제 얼굴이 화끈거리더라고요.

그게 왜 신기했나요?

저는 모닥불에서 한참 떨어져 있었거든요. 근데 불이 일어나자마자 거의 동시에 얼굴이 달아올랐어요. 열이 이렇게 빨리 전해질 수 있는 건가요?

열의 전달

오호, 생각할 거리가 많은 이야기네요. 일단 뜨거운 모닥불 주위에는 빠른 속도로 날아다니는 공기 분자들이 많을테고, 얼굴이 화끈거렸다는 것은 얼굴 표면의 피부 분자들의 운동이 활발해졌다는 뜻이겠죠.

그러니까 더 이상해요. 공기 분자들이 막힘없이 제 얼굴을 향해 날아왔다면 모르겠지만, 실제로는 그 사이에 있는 수많은 공기 분자들에 부딪혀서 제 얼굴에 닿기까지는 꽤 시간이 걸려야 하는 게 정상 아닌가요?

그렇죠. 모닥불 근처의 따뜻한 공기 분자가 이동해서 그 열기가 점차 주위로 퍼져가는 것을 '대류'라고 해요. 기체뿐만 아니라 분자들이 직접 움직일 수 있는 액체에서도 비슷한 일이 일어나고요.

반면에 고체에서는 격렬히 진동하는 분자들이 바로 이웃하는 분자를 진동하고, 그 진동에너지가 계속해서 옆 분자로 이동해가는데, 이를 '전도'라고 합니다. 모닥불 안에 쇠꼬챙이를 넣었을 때 꼬챙이의 다른 한쪽 끝까지 뜨거워지는 것이 대표적인 전도의 한 예죠. '대류'나 '전도' 모두 열이 전달되기까지 어느 정도 시간이 걸립니다.

열의 전달 방식에 하나가 더 있었는데.

'복사'지요. 이번 이야기는 주로 복사에 초점을 맞춰야 할 것 같네요. 모든 뜨거운 물체는 복사, 즉 빛을 내게 되어 있습니다.

촛불이나 모닥불처럼 뜨거운 것은 당연히 빛이 나오겠죠.

그뿐만 아니라 어떤 물체든 절대온도 0K 이상이라면 모두 빛을 냅니다. 310K 정도 되는 제 손이나 얼굴도 빛을 내고 있죠. 다만 그 빛이 가시광선보다 훨씬 파장이 긴 적외선이라서 우리 눈에 안 보이는 것일 뿐입니다.
적외선 카메라로 사진을 찍으면 사람 몸에서 나오는 적외선을 볼 수 있고, 심지어는 까만 비닐봉지 속에 들어 있는 손도 확인할 수 있습니다. 손이나 얼굴을 갖다대면 측정해주는 온도계도 몸에서 나오는 적외선을 사용하고요.

그런데 뜨거운 것과 빛이 대체 무슨 연관이 있을까요?

적외선 카메라 (출처: http://www.spitzer.caltech.edu)

지난번에 물에 관해 공부할 때 물 분자가 특정 파장의 빛을 만나면 진동하고, 결국 그것이 열로 바뀌게 된다고 했던 것 기억나요? 빛이 원자나 분자를 진동시킬 수 있다면, 거꾸로 원자나 분자의 진동이 빛을 만들어낼 수도 있지 않을까요?

음, 그렇긴 하네요.

좀 더 자세히 설명하면 이렇습니다. 모든 물질은 원자로 이루어져 있고, 각 원자는 양성자와 중성자로 이루어진 핵, 그리고 그 주위를 도는 전자로 이루어져 있습니다. 외부 영향이 없다면 전자들은 각자 정해진 궤도에 안정한 상태로 머물러 있을 거예요.
온도가 높은 물질 안에서는 가끔 원자들끼리 강하게 충돌하고, 이때 에너지를 받아 전자의 일부가 원래 궤도를 벗어나 바깥 궤도로

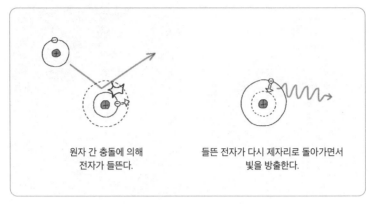

원자 간 충돌에 의해
전자가 들뜬다.

들뜬 전자가 다시 제자리로 돌아가면서
빛을 방출한다.

뜨거운 물체가 빛을 내는 이유 원자 간 충돌로 인해 전자 들뜸과 빛이 발생한다.

옮겨갑니다. 바깥 궤도에 놓인 전자는 불안정해서 얼마 지나지 않아 다시 원래의 궤도로 복귀하는데, 그때 자신의 에너지를 다시 빛의 형태로 방출합니다. 이 빛을 바로 복사(방출, radiation)라고 부릅니다.

그런데 그게 온도랑 무슨 관련이 있나요? 아, 온도가 높아지면 원자끼리 더 심하게 충돌하니까 복사도 더 자주 발생하겠군요.

바로 그거예요. 충돌이 자주 일어날 뿐만 아니라 강한 충격 때문에 전자의 궤도가 더 바깥쪽으로 벗어나고, 원래 궤도로 복귀하려면 더 많은 에너지를 내놓아야 하는데, 이는 방출하는 빛의 파장이 더 짧아진다는 뜻입니다. 결론적으로 온도가 높을수록 짧은 파장, 즉 센 빛이 나옵니다.

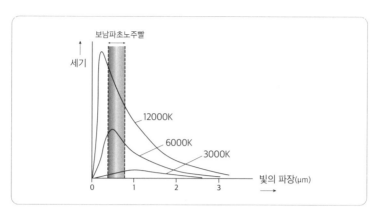

온도에 따른 빛의 파장 온도에 따라 방출하는 빛의 파장이 달라진다.

제가 이렇게 손바닥을 짝짝 치면 더 짧은 파장, 더 센 빛이 나온다는 거죠? 눈에 보일 정도의 빛도 만들어낼 수 있을까요?

그건 쉽지 않아요. 그 이유는 위의 그래프를 보면 알 수 있는데, 과학자들이 어떤 온도에서 어떤 파장의 빛이 나오는지 측정해서 얻은 결과입니다.

3000K의 물체에서 나오는 빛의 대부분은 파장이 긴 적외선이고, 가시광선 중에서는 그나마 빨간 빛이 가장 많이 나와서 벌겋게 보입니다. 용광로의 철에서 나오는 빛이 이에 해당하겠지요.

태양의 온도는 6000K 정도 되는데, 이때 대부분의 에너지가 가시광선에 위치합니다. 만약 12000K 정도 되는 물체가 있다면 이 물체는 자외선과 함께 파랑, 보라색 빛을 주로 방출하고, 대체로 푸르게 빛날 거예요.

앞에서 가시광선의 영역을 결정하는 것이 물의 특성이라고 했는데, 태양에서 주로 나오는 빛도 가시광선이네요. 이 둘의 영역이 일치하게 된 이유가 있나요?

그러고 보니 정말 우연의 일치처럼 보이네요. 저도 어떻게 태양이 내는 빛과 물이 투과시키는 빛의 영역이 일치하는지 모르겠습니다. 흥미롭네요.

선생님도 모르는 게 있다니 재미있네요. 가스레인지의 푸른 불꽃이 붉은 불꽃보다 온도가 더 높다고 하던데, 그 이유도 여기에 있군요. 이제 이해가 됩니다. 그럼 손바닥을 세게 쳐서 320K로 만든 제 손은 어떤 빛을 낼까요?

흥미로운 사실 중 하나는, 각 그래프의 꼭짓점의 파장이 온도에 반비례한다는 것입니다. 3000K에서 1마이크로미터의 파장이 가장 세게 나왔다면, 손의 온도인 300K에서는 10마이크로미터의 파장이 가장 세게 방출됩니다.

반대로 어떤 파장의 빛이 나오는지 보고, 물체의 온도를 알아낼 수도 있겠네요.

네. 천문학에서는 이 정보를 통해 별의 온도를 예측합니다. 붉게 보이는 별은 대략 3000도, 태양처럼 노랗게 보이는 별은 6000도, 푸

든빛의 별은 18000도라는 식으로요.

선생님 옷도 파란색인데, 그렇다고 온도가 높은 것은 아니잖아요.

후후. 제 옷 색깔은 외부의 빛이 반사되면서 나타나는 색깔이니 온도와는 무관합니다. 앞서 살펴본 그래프는 복사, 그러니까 열적 진동으로 스스로 빛을 내는 경우에만 해당합니다.

얼마 전에 엄마가 LED 등을 사왔는데, 거기에 온도가 적혀 있었어요. 3000K였나? 실제 LED가 작동하는 온도를 말하는 건가요?

아닙니다. LED 역시 분자의 열적 진동으로 빛을 내는 것이 아니므로 복사와는 다릅니다. 다만, 나오는 빛의 스펙트럼(파장 분포)이 해당 온도의 물체에서 나오는 빛과 비슷하다는 것이죠. 소위 전구색이 약 2500K, 주광(한낮의 빛)색은 6500K에 해당합니다.

어떤 파장의 적외선이 주로 나오는가를 측정하면 낮은 온도의 물체에 대해서도 온도 측정이 가능한데, 적외선 온도계가 바로 그런 원리를 이용하고 있습니다. 체온을 빠른 시간에 정확하게 측정할 수 있어 편리하죠.

복사에 대해서 정리를 해보겠습니다. 복사는 열이 전달되는 방식 가운데 하나로, 어떤 물질 내부의 분자들의 진동이 만들어내는 빛입니다. 차가운 물체에서는 약하고 긴 파장의 빛이 나오고, 뜨거운 물체에서는 강하고 짧은 파장의 빛이 나옵니다.

이 빛이 공기 중을 진행하다가 우리 손과 만나면 피부의 분자들을 진동시키는데, 뜨거운 물체에서 나온 빛일수록 분자들을 더 심하게 요동치게 합니다. 이렇게 한쪽 물체의 분자 진동이 멀리 떨어진 물체의 분자를 진동시키는 것이 복사입니다. 복사는 대류와 달리, 둘 사이가 진공상태라도 에너지가 전달됩니다.

그렇다면 캠프파이어 모닥불에서 나온 '빛'이 제 얼굴을 화끈거리게 만든 거네요?

네. 붉은 모닥불이었으니 대부분이 적외선이었을 겁니다. 적외선이 빛의 속도로 날아오니까 먼 거리에 있어도 순식간에 그 뜨거움을 느꼈을 테고요.
자신이 느끼는 열이 대류인지 복사인지 확인하는 손쉬운 방법이 있습니다. 뜨거운 물체가 있는 쪽으로 책 같은 것을 두어 그 열이 금세 사라지는지 보는 겁니다. 복사는 책에 의해 막히지만, 대류는 책을 돌아서 전달되니까요.

한여름 뙤약볕에서 쓰는 양산도 복사를 막는 도구가 되겠네요.

금세 잘 활용하는군요. 잠깐 차 한잔 마시고 계속할까요? 여기 아까 따라둔 차가 있었는데….

다 식어버렸네요. 차가 식는 과정은 이제 이해가 되는 것 같아요.

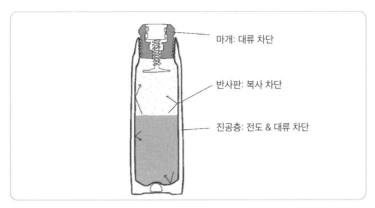

마개: 대류 차단

반사판: 복사 차단

진공층: 전도 & 대류 차단

보온병의 원리 보온병은 전도와 대류, 복사를 모두 차단하는 구조를 갖는다.

활발하게 진동하는 차 속의 물 분자들이 잔의 분자들을 때리고, 잔을 이루는 분자들의 진동이 또 탁자나 공기와 부딪히면서 다른 분자들을 진동시키잖아요. 다른 분자들을 진동시킨 만큼 자기 자신은 느려지니까 그것이 식는 결과를 가져오고요.

훌륭하네요.

그런데 보온병에 넣어두면 물이 식지 않잖아요. 보온병의 원리는 뭘까요?

보온병은 열의 전달 경로를 최대한 차단한 기구죠. 위의 그림을 보세요. 일단 물에서 나온 뜨거운 수증기가 빠져나가지 않도록 밀폐하고, 물을 담은 용기에서 주변 물체로 열전도가 일어나지 않도록 바깥 용기와의 접촉을 최소화시킵니다.

물통을 공중에 붕 띄어둔 셈이로군요.

하지만 공중에 두더라도 공기와의 접촉으로 열을 빼앗길 수 있기 때문에 내부 용기와 외부 용기 사이를 진공으로 만들어버립니다.

복사 효과는 작아서 염려하지 않아도 되나요?

복사도 상당한 영향을 미칩니다. 그래서 내부 용기의 안쪽을 거울처럼 반짝이게 만들죠. 그럼 뜨거운 물에서 나간 복사에너지가 다시 반사되어 돌아오거든요.

보온병 안에 그런 과학적 원리가 숨어 있다니! 아까 차를 데워서 보온병 안에 넣어두었는데, 지금 겉을 만져보니 아주 차가워요. 이미 다 식어버렸을까요?

아니죠. 만일 뜨거운 물이 들어 있는 보온병의 겉이 뜨겁다면 그 열이 보온병 바깥으로 빠져나오고 있다는 뜻이 됩니다. 따라서 **겉에서 따뜻함을 느낄 수 없어야 좋은 보온병**입니다.

차가운 음료를 넣어두는 보냉병도 있던데, 그건 어떻게 다른가요?

기본적으로는 보온병과 다를 이유가 전혀 없습니다. 내부의 열이 빠져나가지 않도록 만들어진 보온병이라면 외부의 열 역시 들어오지 못할 테니까요.

보온병 이야기를 하다 보니까 오븐 생각이 나네요. 친구들이 요새 광파 오븐이니, 에어프라이어니 이야기를 하던데, 뭐가 다른지 여쭤봐도 될까요?

좋습니다. 열의 전달과 관련해서 적절한 예가 되겠네요. 일반 오븐은 내부에 전기 열선이나 가스 불꽃을 사용해서 공기를 데우고 그 뜨거운 공기로 음식물을 익힙니다.

그럼 열의 전달이 주로 대류로 이루어지나요?

그렇긴 하지만, 달궈진 철판을 통해 열이 전달되기도 하니까 전도도 관여한다고 볼 수 있죠. 반면, 광파 오븐은 추가로 원적외선을 강하게 쪼여서 복사를 통해 열을 전달합니다.

전자레인지랑은 다른가요?

전자레인지는 파장이 긴 마이크로파를 쓰는 반면, 원적외선은 파장이 가시광선과 유사하게 아주 짧습니다. 컨벡션 오븐은 일반 오븐에 팬을 달아서 공기 순환을 빨리 시키고요. 혹시 사우나에서 부

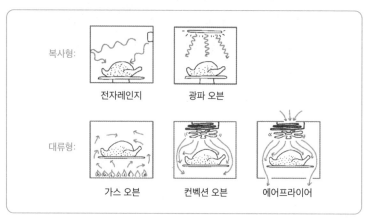

다양한 전기 조리기구의 원리

채질을 해본 적 있나요?

아뇨. 시원해지나요?

천만에요. 피부가 애써 식혀놓은 공기를 밀어내고 새로운 뜨거운 공기가 다가오니까 엄청나게 뜨겁습니다. 부채질로 식히는 것은 공기 온도가 체온보다 낮은 경우에만 해당하죠. 따라서 오븐에 선풍기가 달려 있으면 내부 음식물이 훨씬 빨리 조리됩니다.

한마디로 대류의 효과를 극대화한 게 컨벡션 오븐이로군요. 에어프라이어는요?

열선과 팬이 있다는 면에서 컨벡션 오븐과 비슷한데, 에어프라이어는 내부 공기를 밖으로 빼내고 외부 공기를 빨아들여 계속 순환을 시킵니다.

그럼 애써 만든 열기를 다 버리는 거잖아요. 왜 그렇게 하죠?

음식물이 조리되는 동안 공기 중으로 수분이 많이 증발하거든요. 이 축축한 공기를 빼내고 건조한 열풍을 불기 위해서죠. 그래서 튀겨지는 효과를 냅니다.

공기로 튀긴다는 뜻에서 '에어프라이어'(air fryer)라는 이름을 붙였군요! 사람들이 참 똑똑해요. 열의 전달을 잘 이해하고 있으면 새로운 요리 기술도 개발할 수 있겠네요.

이제 마지막으로 현대의 중요한 이슈인 온난화 현상에 관해 이야기해볼까요? 지구는 태양으로부터 열을 공급받습니다. 지구와 태양 사이는 진공상태이기 때문에 전도나 대류는 불가능하고, 빛 형태로 에너지가 전달됩니다.

지구가 태양으로부터 계속 열에너지를 받는다면 갈수록 뜨거워지는 것이 당연한 것 아닐까요? 게다가 지구는 보온병처럼 진공으로 둘러싸여 있으니 열이 빠져나갈 방법도 없고요.

맞는 말이에요. 하지만 마지막으로 복사가 남아 있죠. 지구 표면의

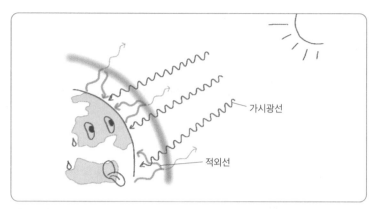

지구온난화 지구온난화가 생기는 이유는 이산화탄소 층이 가시광선은 통과시키고 적
외선은 흡수하거나 반사시키기 때문이다.

평균 온도는 대략 섭씨 0도 근처인데, 이에 해당하는 긴 파장의 적
외선을 우주로 방출합니다. 결국 매년 태양으로부터 받는 열과 우주
로 방출하는 열이 같아짐으로써 지구의 온도가 유지되는 것입니다.

그럼 온실가스 때문에 온난화 현상이 생긴다는 이야기는 뭔가요?

인간의 활동에서 배출된 이산화탄소와 소의 소화 과정에서 나오는
메탄가스 등이 지구 주변을 둘러싸고 있을 때 이를 온실가스라고
부르는데요, 이 가스가 지구에서 방출되는 빛을 흡수하거나, 도로
반사시켜 우주로 빠져나가는 양을 줄입니다.

이상한데요. 만약 온실가스가 빛의 투과를 차단하는 효과가 있다
면 태양으로부터 오는 빛 역시 차단되지 않을까요? 그럼 지구를 식

히는 효과도 함께 생길 것 같은데요.

좋은 의문이에요. 핵심은 태양에서 오는 에너지는 주로 가시광선인데 반해, 지구에서 방출하는 빛은 파장이 아주 긴 적외선이란 점입니다. 온실가스는 가시광선에 대해서는 투명하고, 적외선에 대해서만 빛을 차단하는 성질이 있거든요.

그것 참 고약하군요. 그럼 반대로, 가시광선은 차단하고 적외선은 투과시키는 막으로 지구를 감싸면 어떻게 될까요? 그러니까 사진에서 봤던 검은 비닐봉지처럼요.

오! 그런 생각을 하다니, 아무래도 과학 쪽에 소질이 있는 것 같아요. 분명 지구를 차갑게 만드는 효과는 있을 거예요. 다만 가시광선에 의존하여 살아가는 지구 생태계에 어떤 부정적인 영향을 미칠지 면밀히 따져봐야겠죠.

과학에 문외한인 제가 칭찬을 들으니 기분이 좋네요. 그나저나 지구온난화 문제가 정말 심각한 것 같은데, 앞으로 어떻게 될까요?

언제, 어떤 일이 일어날지 정확히 예측하긴 어렵지만, 큰 재앙이 될 가능성이 매우 높아 보입니다. 문제는, 모두 걱정만 할 뿐 삶에서는 별다른 변화를 주려고 하지 않는다는 것입니다.

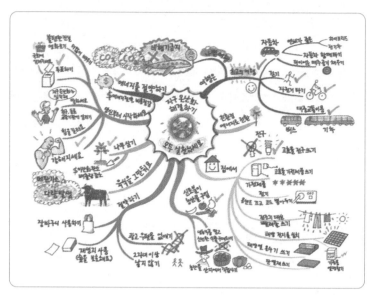

지구온난화 대응법 (출처: www.live-the-solution.com)

그럼 저희가 뭘 할 수 있을까요?

위의 〈지구온난화 대응법〉을 참고해서 저마다 몇 가지씩 실천해보면 어떨까요.

좋아요. 저는 장바구니와 이면지를 사용하고, 쓰지 않는 전자제품은 꺼두겠습니다. 육식도 줄여야겠네요.

　　　　　　　　　　　　　　　　익숙한 것들의 마법, 물리 1

4
냉방기의 원리

컵에 담겨 있는 물의 온도를 높이려면 어떻게 하면 될까요?

이젠 알 것 같아요. 물 분자를 진동시키면 되니까, 컵을 두드리거나 젓가락으로 물을 휘저으면 될 것 같은데요. 온도가 많이 오르진 않겠지만요.

그래요. 추울 때 손을 비비는 것도 그런 방식이죠. 두 물체를 문지르면 분자들의 진동이 심해지니까요. 또 어떤 물질을 태우면, 즉 산소와 결합시키면 분자운동이 활발해지면서 열이 나오니까 그 열로 물을 데울 수도 있습니다. 가스레인지가 사용하는 방법이지요.

그럼 전기난로는 어떤 원리로 뜨거워지나요?

니크롬선 같은 전선에 전류를 흘리면, 니크롬선의 원자 사이를 전자가 지나가면서 이 원자들과 충돌하면서 열이 발생합니다. 굳이 전기난로가 아니더라도 어떤 전기기구든 사용하면 열이 나옵니다. 빛을 내기 위해 전구를 켜도, 서류 작업을 하기 위해 컴퓨터를 켜도, TV를 사용해도 결국 그 에너지가 최종적으로는 대부분 열로 바뀌어 주변의 온도를 높이게 됩니다.

그렇다면 반대로 온도를 낮추려면 어떻게 해야 하나요?

알다시피 차가운 물체를 갖다 대면 온도가 내려갑니다. 그런데 이 방 안에 다 비슷한 온도의 물체들만 있다면 어떻게 해야 할까요?

온도를 낮춘다는 말은 분자들의 운동 속도를 늦추어야 한다는 뜻이잖아요. 물체의 분자들이 마구 진동하고 있을 때 손가락으로 꽉 잡아서 분자들을 진정시키면 어떨까요?

불가능합니다. 그 분자를 잡으려고 다가가는 손가락의 분자도 이미 진동하고 있으니까요.

음, 어려운데요.

20°C의 물체를 서로 맞부딪치거나 문질러서 25°C로 높이는 것은 가능한데, 20°C의 물체를 15°C로 낮추기는 어렵습니다. 이상하게

도 온도를 높이는 것은 쉽지만 내리기는 어렵습니다.

잠깐만요. 에어컨이나 냉장고는 차가운 얼음 없이도 시원한 공기를 만들지 않나요? 물론 전기는 사용하겠지만.

맞습니다. 그렇다면 냉방기는 대체 어떤 원리로 물체를 차갑게 만드는 걸까요? 그걸 알아보는 것이 이번 공부의 내용입니다.

얼른 알고 싶어요. 여기에도 일종의 마법이 있나요?

이걸 처음 생각해냈을 때는 마술이나 다름없었을 거예요. 먼저, 이 방에 존재하는 공기의 온도를 낮추는 법을 생각해봅시다. 공기 분자들이 공처럼 빠른 속도로 이 방 안을 날아다니면서 벽과 천장, 바닥에 부딪히고 있는데, 이런 충돌에서는 속력이 거의 변하지 않는다고 했습니다.

하지만 기체 분자가 부딪힐 때 벽이 움직인다면 어떻게 될까요? 만약에 벽이 앞쪽으로 다가오고 있다면 분자는 더 빠른 속력으로 튀어나올 것입니다. 반대로 벽이 뒤로 물러서고 있을 때 분자가 부딪히면 튀어나오는 분자의 속력이 느려질 테고요.

탁구 칠 때를 한번 생각해보세요. 상대방에게 강한 스매싱을 날리고 싶을 때 라켓을 앞으로 죽 밀면서 쳐내면 탁구공이 빠른 속도로 날아갑니다. 반대로 라켓을 뒤로 빼면서 공을 받으면 힘없이 바로 앞에 떨어지죠.

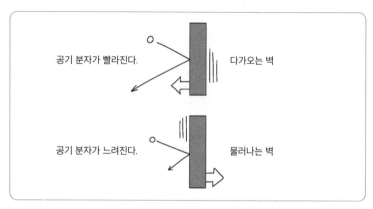

공기 분자가 빨라진다.　　　　　　다가오는 벽

공기 분자가 느려진다.　　　　　　물러나는 벽

움직이는 벽

음, 그러니까 공기 분자가 충돌할 때 벽이 움직이고 있으면 속도를 변화시킬 수 있다는 거군요. 그래도 총알 속도로 날아다니는 공기 분자 속도에 비하면 벽이 움직이는 속도는 터무니없이 느리니까 거의 효과가 없을 것 같은데요.

한두 번 부딪혀서는 효과를 보기 어렵겠지요. 하지만 벽이 움직이는 동안 동일한 공기 분자가 수백 번 이상 방 안을 왕복하면서 반복적으로 부딪힌다면 그 변화를 무시할 수 없습니다.

일례로 공기가 들어 있는 주사기에서 피스톤을 순식간에 밀어 넣으면 내부 공기의 온도가 300도 가까이 상승하게 됩니다. 실제로 디젤 기관에서는 공기와 연료 혼합물을 피스톤으로 압축해서 연료에 저절로 불이 붙도록 만듭니다.

정말요? 그럼 반대로 피스톤을 확 잡아 빼면 공기 온도가 확 낮아지겠네요? 생각해보니 대기 중 공기가 상승하면 부피가 팽창하면서 온도가 떨어진다는 이야기를 들어본 것 같아요. 그땐 그냥 외우기만 했는데, 이런 원리가 숨어 있었군요.

그러니까 이 방의 창문과 문틈을 모두 밀폐한 뒤 벽을 뒤로 밀어버리면 방 안의 온도를 낮출 수 있습니다. 해볼까요?

그러면 기압이 낮아지고 숨쉬기가 힘들어질 텐데, 농담이시죠? 에어컨과 냉장고는 방 안 기압을 바꾸지 않고서도 어떻게 온도를 낮추는지 설명해주세요.

아까처럼 주사기로 실험을 하면 기압이 줄면서 내부 온도를 2도 정도 낮출 수 있는데, 이 정도라면 시원한 에어컨을 만들 수 없겠지요. 그래서 사람들은 공기보다도 훨씬 더 효과가 좋은 물질을 냉매로 쓰게 되었는데, 우리가 말하는 프레온가스라는 게 그것입니다. 주사기에 액체 상태인 프레온이 들어 있다고 가정해봅시다. 수증기와 마찬가지로 프레온가스도 압력이 높으면 액체가 되고, 압력이 낮으면 기체가 됩니다. 압력을 낮춰서 기체 상태가 되면 물이 증발할 때처럼 주변의 열을 빼앗게 되는데, 공기를 사용할 때보다 온도를 더 많이 낮출 수 있습니다.
그럼 이제 제가 주사기 옆으로 바람을 불어서 이 찬 기운을 방 안에 퍼뜨려보겠습니다.

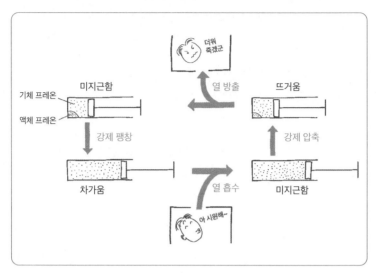

기체 프레온

액체 프레온

미지근함

더워 죽겠군

열 방출

뜨거움

강제 팽창

강제 압축

차가움

열 흡수

아 시원해~

미지근함

냉방기의 원리 냉방기는 강제 팽창과 강제 압축을 통해 내부의 열을 바깥으로 내보낸다.

음. 약간 시원한 느낌이 들기는 하는데, 이걸로 끝인가요?

계속 시원함을 느끼려면 이 프레온가스를 밖에 내다 버리고 새 가스를 채운 다음에 또 팽창을 시키면 됩니다.

잠깐만요. 프레온가스를 함부로 배출하면 오존층이 파괴되잖아요. 설마 에어컨이 이런 식으로 프레온가스를 낭비하진 않겠죠?

물론 아닙니다. 대신 이렇게 하죠. 미지근해진 주사기를 이번엔 압축을 시키는데, 그럼 열이 발생합니다. 이 뜨거운 주사기를 방 밖으로 가져가 바람을 쐬어 식힙니다. 그러곤 다시 방 안으로 가져와서 팽창을 시킵니다. 만져보세요. 다시 시원해졌죠?

이 작용을 계속 반복한다는 건가요? 방 안은 조금씩 차가워질 것 같긴 한데, 대신 바깥으로 열을 계속 방출해야겠군요.

네. 그게 냉방 원리의 핵심입니다. **열 자체를 소멸하는 것이 불가능하니까 대신 열을 다른 곳으로 이동하는 것**이죠. 냉장고를 보면 뒷면이나 옆면을 통해 열을 방출하도록 되어 있습니다.

그래서 냉장고 옆이 뜨거웠던 거군요.

퀴즈 하나 내볼게요. 에어컨 없이 여름을 지내느라 지친 한 사람에게 어느 날 기막힌 아이디어가 떠올랐습니다. '에어컨과 냉장고의 냉각 원리는 같은 것이라고 했으니, 내 방에 있는 냉장고 문을 열어두면 에어컨과 똑같은 효과가 나지 않을까?' 과연 방의 온도는 어떻게 됐을까요?

괜찮은 방법 같기는 한데, 냉장고 뒤에서 나오는 열 때문에 거의 도움이 되지 않을 것 같아요.

실제로 해보면 방 안의 온도가 올라갑니다. 왜냐하면 안쪽에서 빼앗아가는 열보다 항상 바깥으로 방출하는 열의 양이 더 많거든요. 이렇게 생각해보면 간단합니다. 방 안이 밀폐되어 있어서 외부와의

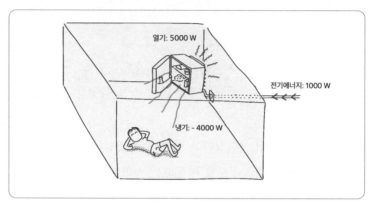

냉장고 문 열기 냉장고를 에어컨 대신 쓸 수 있을까?

열의 이동이 없다고 가정하면, 외부의 에너지가 계속해서 방 안으로 주입되는 것을 볼 수 있습니다.

무슨 에너지요?

냉장고가 사용하는 전기에너지입니다. 바깥에서 계속 전기에너지가 들어가고 있으니 방 안의 에너지는 그만큼 증가해야만 합니다. 방 안에 그 에너지가 저장될 방법이 마땅히 없다면, 그 모든 에너지는 열로 존재하게 됩니다.

그럼 바깥에서 들어온 전기에너지가 모두 열로 바뀐다고요?

그렇죠. 만일 1000W의 냉장고가 계속 작동하고 있다면, 1000W의 전기난로와 맞먹는 열을 냅니다.

여름에 냉장고 문을 열어두는 것은 자살 행위군요.

네. 차라리 겨울에 냉장고를 난로 대신 사용하는 것이 현명합니다. 그래서 에어컨은 열을 배출하는 장치인 실외기를 방 바깥에 설치하는 거랍니다.

그래도 여전히 방 안에서 제거한 열보다 바깥으로 방출한 열이 더 많은 거죠? 그래서 실외기가 많은 골목을 지나가면 찜통처럼 느껴졌나 봐요..

그렇습니다. **에어컨은 자신을 시원하게 하기 위해 바깥으로 열을 내뿜는 이기적인 기계**인 셈이지요.
한 집에서 에어컨을 켜서 열 4000을 제거하면서 바깥으로는 5000(제거한 열 4000+사용한 전기에너지 1000)만큼의 열을 내뿜었다고 해봅시다. 더위를 간신히 참고 있던 옆집도 실외기에서 나오는 열을 견디지 못해 창문을 닫고 에어컨을 켜게 될지 모릅니다. 이런 일이 연쇄적으로 일어나면 그 건물 전체가 열을 내뿜는 용광로가 되어버리겠죠. 그뿐만 아니라 에어컨이 사용하는 전기에너지를 만들기 위해 발전기에서 내뿜는 열까지 고려하면 그 영향력은 어마어마합니다.

그래서 한여름의 도시는 시골에 비해 그렇게 뜨거운 것이로군요. 에어컨이 많은 곳일수록 덥다니, 참 모순입니다. 에어컨을 켜기 전에 다시 한 번 생각해야겠어요.

에어컨의 온도 조절에 관해서도 한 가지 짚고 넘어가는 게 좋겠습니다. 식당 같은 곳에서 설정 온도를 최저치인 18도에 맞춰두는 경우가 많습니다. 그러다 손님들이 너무 춥다고 이야기하면 직원이 에어컨을 아예 꺼버립니다.

저도 그런 적이 많아요.

아마도 그 직원은 이왕 전기를 써서 에어컨을 켠다면 18도로 해야 가장 효율적이라고 생각했을 것입니다. 그리고 26도 정도로 높여서 더운 바람을 만드느니 끄는 게 더 경제적이라고 본 것이죠. 하지만 에어컨은 그런 식으로 작동하지 않습니다. 일단 에어컨의 모터가 돌아가며 냉매를 압축/팽창하는 동안에는 실외기 표시에 불이 들어오며 에어컨이 만들 수 있는 가장 찬바람을 만들어냅니다. 그러다가 실내 온도가 설정한 온도에 도달하면 동작을 멈추고 오직 바람을 보내는 선풍기 기능만 작동하죠. 실외기 램프가 꺼지는 이 순간에는 전력 소모가 거의 없기 때문에 걱정하지 않아도 됩니다.

에어컨 전원을 껐다 켰다 할 필요 없이 설정 온도를 높여서 실외기가 작동하는 시간을 짧게 만들면 에너지 소모가 줄어든다는 거죠? 이제 이해가 되었습니다.

마지막으로 질문 하나만요. 일반 선풍기는 바람을 만들어 공기 분자의 속력을 더 빠르게 만들지 않나요? 그럼 온도가 더 올라가야 맞는데, 왜 우리는 시원하다고 느낄까요?

좋은 질문입니다. 비록 그 효과가 미세하지만, 선풍기에 의해 공기 자체의 온도가 올라가는 것은 맞습니다. 모터에서 나오는 열까지 생각하면 더욱 그렇죠. 그러나 우리 몸의 온도는 36.5도, 공기의 온도는 여름에도 대부분 체온보다 낮습니다. 선풍기의 역할은 몸보다 차가운 공기를 빨리 순환시켜서 몸에서 열을 빠른 속도로 빼앗는 데 있습니다. 하지만 똑같은 선풍기 바람이라도 아이스크림에 쐬면 차가워지기는커녕 더 빨리 녹게 되지요.

그러게요. 아이스크림 입장에서는 선풍기가 컨벡션 오븐이나 다름 없으니까요.

5
엔트로피

여기 얇은 유리 한 장이 있는데, 한번 깨보실래요?

정말 깨도 되는 거예요? 그럼 상자 안에 넣고 신발로 밟을게요.

와자작!

좋습니다. 이젠 유리를 다시 붙여주세요.

네? 이미 깬 유리를 다시 붙이라고요? 그건 불가능하죠.

왜 깨는 것은 쉽게 하면서 붙이는 것은 불가능하다고 할까요? 지금부터 이야기할 엔트로피는 바로 이런 질문을 탐구하다가 나온 개념입니다.

엔트로피라…. 여기저기서 들어본 것 같긴 한데, 정확히 무슨 말인지는 모르겠어요.

원래 물리학에서 시작된 용어인데, 언제부터인가 사회적 현상을 말할 때도 자주 언급되고 있지요. 엔트로피를 잘 이해하면 세상을 바라보는 중요한 통찰력 하나를 얻을 수 있습니다.
일단, 깨진 유리를 붙여 다시 말끔하게 만드는 동영상을 보여드릴게요.

이게 뭐예요? 이건 그냥 비디오를 거꾸로 돌린 거잖아요. 제가 그렇게 쉽게 속는 사람은 아니라고요.

이런 일은 절대 일어나지 않는다고 굳게 믿고 있는 것 같군요. 물체들이 어떤 식으로 움직이는지, 그 운동 과정을 예측하고 설명하는 것이 물리학인데, 그렇다면 물리학은 깨진 접시를 다시 붙일 수 없다고 말할까요?

글쎄요. 물리법칙에 그런 게 있는지는 잘 모르겠어요.

지금까지 발견한 모든 물리법칙들은 '가역적'입니다. 이 말은 시간이 거꾸로 흘러도 물리법칙 자체는 아무 문제없이 성립한다는 뜻

농구공 던지기

입니다.

농구 선수가 슛을 하는 장면을 보세요. 농구공뿐만 아니라 사람 몸의 움직임이 모두 물리법칙을 따릅니다. 이제 시간을 거꾸로 돌려서 이 장면을 본다면 어떨까요?

음, 마치 골대에서 튕겨 나온 공을 받아내는 리바운드 장면처럼 보이는데요?

그렇죠. 거꾸로 보는 것도 역시 물리법칙에 잘 부합하기 때문입니다. 실제로 농구 선수들도 리바운드 동작을 할 때 슛을 하는 것과 반대의 느낌으로 움직입니다.

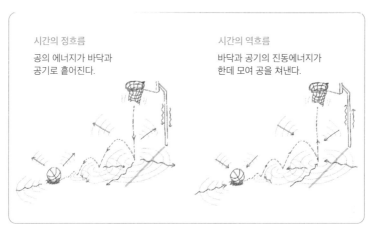

시간의 정흐름
공의 에너지가 바닥과
공기로 흩어진다.

시간의 역흐름
바닥과 공기의 진동에너지가
한데 모여 공을 쳐낸다.

다시 솟아오르는 공 시간을 거꾸로 돌려도 물리법칙은 그대로 성립하는 것처럼 보인다.

숫을 하는 것은 그렇다 쳐도, 공이 골대에 들어가고 나서 바닥에
여러 번 튕기고 멈춰버렸다고 해보세요. 그 장면을 거꾸로 돌리면
바닥에 멈춰 있던 공이 저절로 튀어 올라서 골대 밑에서부터 올라
가야 하는데, 그건 말이 안 되잖아요.

확실히 그런 일은 좀처럼 보기 힘들죠. 하지만 물리법칙을 어긴 것
은 아닙니다. 공이 바닥에 부딪히면서 마룻바닥을 진동시키겠죠?
그리고 그 진동은 주변 선수들의 몸을 진동시키고, 일부는 공기의
진동, 즉 소리로 바뀌었을 것입니다. 시간을 거꾸로 돌리면 어떤 일
이 일어날까요?
아까 흩어졌던 소리가 다시 되돌아오고, 주변 선수들의 몸의 흔들
림이 마룻바닥을 진동시키기 시작할 거예요. 그리고 이 모든 진동

이 멈춰 있던 농구공 바로 아래에 모여 공을 강하게 위로 쳐낼 것입니다. 그럼 농구공은 다시 골대 밑을 향해 날아오르게 될 거예요. 물리법칙으로 볼 때는 전혀 문제가 없는 상황입니다.

흠. 그러니까 이런 일이 일어나기 어려운 이유는 물리법칙을 거스르기 때문이 아니라, 맞춰줘야 하는 조건들이 너무 많아서 그렇다는 거네요.

네. 그런 외부 조건만 완벽히 재현할 수 있다면 찢은 종이를 다시 붙이거나, 깬 유리를 다시 붙이는 등 모든 것이 가능합니다. 본질적으로 가능하냐 불가능하냐의 문제가 아니라 '복잡함'의 문제인 것입니다.

제가 시험에서 만점을 받지 못하는 이유와 비슷하네요. 불가능해서가 아니라 그 길이 너무 험하고 복잡하기 때문에 하기 싫은 것뿐이라고요.

그렇군요. 이 '복잡함'의 문제를 단순한 수학적 설명으로 바꾼 것이 '엔트로피'입니다.
여기 주사위 6개를 가지고 게임을 해보겠습니다. 친구는 주사위 숫자를 모두 같게 만들어주세요. 저의 목표는 주사위 숫자가 하나라도 다르게 만드는 것입니다. '시작' 하면 우리 둘이 동시에 주사위를 움직이다가 10초 후에 멈추겠습니다.

익숙한 것들의 마법, 물리 1

'정렬'에 해당하는 배열 가짓수 << '흐트러짐'에 해당하는 배열 가짓수
= 6   = 6X6X6X6X6-6=46,650

주사위 게임의 경우의 수

뭐라고요? 잠깐만요!

시작! ⋯⋯끝!
후후. 제가 이겼네요.

당연하죠. 이건 완전히 불공정한 게임이니까요.

왜 불공정한가요?

주사위 숫자를 다 맞추는 것보다 하나라도 틀리게 만드는 것이 훨씬 더 쉽잖아요.

얼마나 쉬운지 경우의 수를 따져볼까요? 주사위 6개를 던졌을 때 나

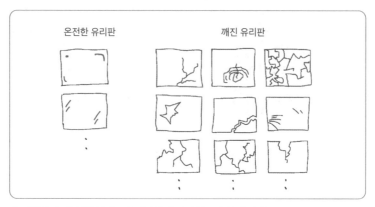

유리판 상태 온전한 상태보다 깨진 상태의 가짓수가 훨씬 많다.

오는 결과의 총 가짓수는 6^6=46,656인데, 이 가운데 눈의 숫자가 모두 같은 경우는 고작 6가지뿐입니다. 나머지 46,650가지는 모두 제가 승리하는 경우죠.

선생님이 7000배 이상 유리하네요. 이렇게 숫자로 보여주니까 군더더기 설명이 필요 없이 깔끔해졌어요.

찢은 종이를 붙이거나, 깨진 유리를 다시 맞추는 것도 마찬가지로 생각해볼 수 있습니다. 유리가 '안 깨졌다'고 판단할 수 있으려면 유리 어디에도 구멍이 있어서는 안 되고, 틈이 벌어져 있어서도 안 됩니다. 하지만 '깨졌다'고 할 수 있는 유리 상태는 엄청나게 종류가 많습니다. 가운데가 부서진 것, 구멍이 뚫린 것, 거미줄 모양으로 금이 간 것을 포함해서, 이래도 깨진 것, 저래도 깨진 것입니다.

익숙한 것들의 마법, 물리 1

A와 B에 해당하는 상태의 가짓수 차이 때문에 A→B가 되기는 쉽지만, A←B가 되기는 어려운 예를 더 찾아보자.	
A	B
맞춰진 퍼즐	흩어진 퍼즐 조각

우리가 깨진 상태라고 부를 수 있는 유리 입자들의 배열 가짓수를 따져본다면 전자계산기에 입력할 수도 없을 만큼 큰 숫자가 됩니다. 물론 안 깨진 상태, 즉 유리 입자들이 적절히 균일하게 배열된 상태의 가짓수도 엄청나게 많겠지만, 깨진 상태에 비하면 훨씬 적은 편이죠.

아, 유리가 깨진 상태와 온전한 상태도 경우의 수로 따져볼 수 있다는 말이군요.

네. 직접 계산하긴 까다롭지만 개념적으로는 그렇습니다. 그래서 안 깨진 상태에서 깨진 상태로 가기는 쉽지만, 깨진 상태에서 안 깨진 상태로 옮겨가기는 무척 어려운 것입니다.

깨진 유리를 다시 맞추려고 시도하는 것은 제가 주사위 게임에서 이기려고 발버둥치는 것과 비슷하겠네요.

그렇지요. 퍼즐을 맞추는 것, 책을 순서대로 정리하는 것이 더 어려운 것도 다 같은 이유입니다. 깨진 유리를 복구하는 것만큼 어렵지는 않겠지만, 수천수만 가지의 여러 상태 중에서 딱 1개의 상태를 만들어내야 하기 때문에 힘과 노력이 많이 드는 작업이지요. 이렇게 경우의 수를 따져보면 자연에서 어떤 현상이 저절로 일어나고, 일어나지 않는지를 이해할 수 있습니다.

예를 들어 용기 두 개가 좁은 통로로 이어져 있고, 처음에 공기 분자 4개가 왼쪽 용기에 담겨 있다고 해봅시다. 시간이 지나면 공기 분자는 몇 대 몇으로 분포해 있을까요?

2:2가 되지 않을까요?

공기 분자가 언제, 어떤 식으로 이동하는지 상상할 필요 없이, 배열의 가짓수만 세보면 됩니다. 총 16가지의 경우의 수 가운데 왼쪽에 모두 존재하는 상태는 1가지, 2:2로 나뉘는 상태는 총 6가지가 있습니다. 각 경우의 확률 그래프를 그려보면 다음의 그림과 같습니다.

2:2의 가능성이 가장 크긴 하지만 반드시 그렇게 되리라고 장담할 수는 없겠네요.

그렇습니다. 하지만 분자 수가 100개가 되면 상황이 많이 달라집니다. 모든 분자가 왼쪽에 모일 확률과 50:50으로 나뉘게 될 확률을 계산해보면 후자가 무려 10^{29}배 정도 됩니다. 그러면 그래프는 뾰족

익숙한 것들의 마법, 물리 1

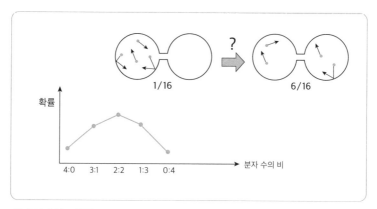

공기 분자 분포 확률

한 바늘 모양이 되고요(182쪽 참고).

그럼 이 경우엔 기체 분자들이 50:50으로 분포할 게 거의 확실하겠군요.

실제로 공 크기의 부피 안에 들어 있는 공기 분자 수는 100개, 1000개 수준이 아니라 10^{23}개 정도라서 그 확률비는 계산기로 계산할 수조차 없을 만큼 커집니다.
이러한 이유로 한쪽에만 공기 분자들을 넣어두고 마개를 막았다가 열면, 양쪽에 분자들이 골고루 분포하면서 압력이 같아집니다.

공기 분자들도 한 군데에 밀집되어 있기보다는 골고루 퍼져 있고 싶어 하기 때문이겠죠?

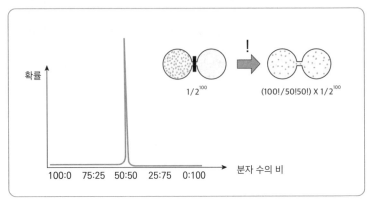

확률

분자 수의 비

100:0　75:25　50:50　25:75　0:100

$1/2^{100}$

$(100! / 50!50!) \times 1/2^{100}$

공기 분자 분포의 확률비

사람이나 동물이라면 그런 경향을 띠겠지만, 공기 분자에게는 비어 있는 곳을 찾아가려는 성향이 전혀 없습니다. 실제로 공기 분자들의 크기는 너무 작기 때문에 밀집도와 상관없이 똑같이 왼쪽에 갔다가 오른쪽에 갔다가 합니다. 그럼에도 불구하고 양쪽에 분자들이 골고루 분포해 있는 것은 앞에서 설명한 것처럼 순전히 '확률' 때문이죠. 이렇게 확률로 자연현상을 설명하려고 했던 사람이 루드비히 볼츠만(Ludwig Boltzmann)이라는 물리학자입니다.

볼츠만이라.

두 방 사이에 공기가 자유롭게 오간다면, 누구나 두 방의 기압과 온도는 같을 것이라고 예측합니다. 볼츠만은 그렇게 예측할 수 있는 근거가 바로 확률에 있다고 말했습니다. **어떤 특별한 물리법칙이 있**

어서 압력이 같아지도록 조절하는 것이 아니라, 단지 그럴 확률이 너무나 높기 때문이라는 거죠. 이렇게 볼츠만은 수많은 입자들로 이루어진 대상을 이해하는 데 확률이 핵심이라는 것을 깨달았습니다.

볼츠만의 묘비에는 특이하게도 'S=k log W'라는 식이 하나 쓰여 있습니다. 바로 볼츠만이 만든 엔트로피 S의 정의입니다. 여

볼츠만 묘비

기서 k는 '볼츠만 상수'라고 부르는데, 일정한 값(k=1.38×10^{-23}으로 매우 작습니다)을 곱하는 것이라 특별한 의미는 없습니다. 중요한 것은 W인데, 이는 '겉보기에 같은 상태로 취급되는 내부 사정의 가짓수'를 나타냅니다.

조금 어려워지네요.

예를 들어보겠습니다. 복권에서 당첨 번호 '12345'의 다섯 자리가 모두 맞으면 1등, 맨 끝자리만 틀리면 2등, 뒤의 두 자리가 틀리고 나머지 세 자리가 맞으면 3등이라고 해봅시다.

누군가 "나는 1등"이라고 했다면 그 사람의 복권 번호는 당연히 12345일 테고, 1등에 해당하는 내부 사정의 가짓수는 한 가지뿐이

복권당첨번호

1등	1 2 3 4 5	W=1,	S = k log 1 = k x 0
2등	1 2 3 4 *	W=9,	S = k log 9 = 2.2 k
3등	1 2 3 * *	W=90,	S = k log 90 = 4.5 k

복권

므로 W$_{1등}$=1입니다. 2등의 복권 번호는 9가지의 경우 중 하나이므로 W$_{2등}$=9, 3등은 W$_{3등}$=90입니다. 각각의 경우 엔트로피를 계산해보면 위의 그림과 같습니다.

2등과 3등의 내부 사정 개수는 10배 차이가 나는데, 엔트로피 값은 2배 정도밖에 차이가 안 나요.

네. 그게 엔트로피의 중요한 특징이에요. log 함수의 특성상 W값이 크게 증가해도 log W값은 아주 조금만 변합니다. 예를 들어, log 1,000,000=13.8밖에 되지 않습니다.

즉 엔트로피가 클수록 그에 해당하는 경우가 많다는 뜻이고, 따라서 1등보다 3등이 일어나기 쉬운 사건이라고 할 수 있습니다. 한편으론 '3등'이라는 겉보기 정보만으로는 정확한 복권 번호를 알아내

기 어렵나는 의미에서 엔트로피가 내부 사정의 '불확실성'을 가리
킨다고 말하기도 합니다.

복권이나 주사위 게임 말고 또 어디다 엔트로피를 적용할 수 있을
까요?

앞에서 이야기한 공기 분자 배치에 따른 기압에 대해 생각해보죠.
한쪽 용기의 기압 수치는 '겉보기 상태'에 해당하고, 각 공기 분자가
어디에 위치하는가를 따지는 것은 '내부 사정'에 해당합니다. 겉보
기에 2기압:0기압을 만들어낼 수 있는 총 내부 사정의 개수에 대한
엔트로피 $S(2:0)$와 1기압:1기압에 해당하는 $S(1:1)$ 중 어느 쪽이
더 클까요?

분자가 골고루 나눠지는 경우의 수가 훨씬 더 많았으니까 $S(1:1)$가
더 크겠죠.

맞습니다. 또 유리 분자의 배열을 생각해보았을 때 멀쩡한 유리에
대한 엔트로피보다 깨진 유리의 엔트로피가 더 큽니다. 예를 들어
$S_{멀쩡한}$=10이라면, $S_{깨진}$=14입니다.

겨우 4밖에 차이가 안 나요?

네. 하지만 S 계산에 들어가는 log 함수의 영향, 그리고 상수 k값이

아주 작다는 점을 생각하면, 이 차이는 둘 사이의 확률비가 상상할 수 없을 정도로 크다는 것을 의미합니다.

그럼 깨진 유리를 다시 붙이는 일은 엔트로피 값을 4만큼 낮추어야 하기 때문에 거의 불가능하다는 말인가요?

네. 엔트로피가 줄어들 가능성이 분명 존재하긴 하지만, 그 확률이 너무 낮기 때문에 엔트로피가 절대 줄어들지 않는다고 확신해도 됩니다. 특히 10^{23}개 수준의 분자들로 이루어진 일반적인 상황에서 엔트로피가 줄어들지 않는다는 것은 절대적인 과학 법칙 중 하나로 인정되고 있습니다.

　　_____ 엔트로피는 결코 줄어들지 않는다.
　-열역학 제2법칙(통계적 과학 법칙)

깨진 유리창을 다시 붙이는 과정이 물리법칙에 어긋나지 않는다고 처음에 말씀하셨잖아요. 그런데 이제는 깨진 유리창은 절대 붙일 수 없다는 것이 법칙인 것처럼 이야기하시네요.

그래요. 깨진 유리창을 붙이는 것 자체를 물리법칙이 제한하는 것은 아니지만, 그냥 절로 붙기를 기대할 수는 없다는 뜻이에요. 왜냐하면 그런 일이 발생할 확률이 너무 낮기 때문이죠.

너무 압노적인 확률이라서 법칙이라고 말할 수 있다는 뜻이군요. 제가 로또를 사도 1등이 되지 못할 게 뻔하다는 법칙처럼요.

엔트로피가 1만큼 줄어들 가능성은 로또 확률과는 비교도 안 되게 작습니다. 1000년 동안 한 번도 빠짐없이 1등 할 확률과 비교해도 턱없이 부족할 거예요. 깨진 유리창과 마찬가지로, 무너진 집이나 불탄 종이는 더 큰 엔트로피를 갖습니다. 그래서 저절로 복구되기가 불가능하죠.

헉, 그 정도군요. 알겠습니다. 법칙으로 인정합니다.

엔트로피가 감소할 수 없다는 법칙을 받아들인다고 했죠? 그럼 문제를 하나 낼게요. 친구는 방청소를 해본 적이 있나요?

자주는 아니지만 가끔 하죠. 왜요?

방청소를 하고 나면 방의 엔트로피가 줄어듭니다. '어지러운 상태'에 해당하는 경우의 수보다 '청소가 된 상태'에 해당하는 경우의 수가 더 작기 때문이죠. 그렇다면 '엔트로피는 줄어들 수 없다'는 법칙에 위배되는 걸까요?

그건… 그 정도의 엔트로피 변화는 너무 작아서 법칙에 아무런 영향을 주지 못하는 것 아닐까요?

청소를 수백 번 시도해서 가끔 한 번씩 성공한다면 친구 말이 맞습니다. 그런데 청소는 맘만 먹으면 항상 성공하거든요. 엔트로피를 언제라도 감소시킬 수 있다는 말이죠.

음, 모르겠어요.

이 법칙이 늘 성립하려면 이렇게 고쳐야 합니다. **"고립된 계(공간)의 엔트로피는 결코 줄어들지 않는다."**
사람이 문을 닫고 청소를 시작하면 그 방은 외부와 차단되니까 거의 고립된 공간이라고 생각할 수 있습니다. 초기에 사람의 엔트로피가 10, 방의 엔트로피가 13이라고 합시다. 청소를 통해 방의 엔트로피는 10으로 줄어드는데, 그동안 사람이 자신의 영양소를 분해해서 일을 하고, 몸에서 열이 나면서 사람의 엔트로피는 15로 늘어나게 되죠. 결과적으로 방 안의 총 엔트로피는 10+13=23에서 15+10=25로 바뀐 셈이에요. 고립된 계의 엔트로피는 이렇게 2만큼 늘어났습니다.
유리 공예가에게 깨진 유리판을 갖다 주면 열을 가해 다시 원래대로 되돌려줄 것입니다. 이때도 역시 유리판의 엔트로피는 낮아지겠지만, 공예가와 그 주변의 엔트로피는 더 많이 증가합니다.

한쪽의 엔트로피를 감소시키는 동안 다른 쪽에서는 더 많은 엔트로피가 증가했다는 거네요. 그런데 '고립된 공간'이 무슨 뜻인가요?

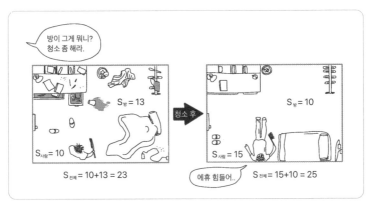

청소와 엔트로피

이 공간과 외부 사이에 물질이나 에너지가 오가지 않아야 한다는 뜻입니다. 외부에서 공급되는 전기를 사용해서 청소를 하거나, 바깥으로 쓰레기를 내다 버리면 고립계가 되지 않습니다. 그 경우에는 고립된 공간에 전기가 공급되는 발전소, 외부의 쓰레기장까지 모두 포함시켜서 생각해야 합니다.

예를 들어 에어컨을 사용해서 방 안의 온도를 낮추면, 이때 방 안의 엔트로피는 줄어듭니다.

차가우면 엔트로피가 낮은 거라고요? 왜 그렇죠?

방의 온도가 높다는 것은 물체의 분자 진동에너지가 많다는 것인데, 예를 들어 100의 에너지를 갖고 있는 방은 90의 에너지를 갖고 있을 때보다 각 분자가 그 에너지를 나눠 가질 수 있는 가짓수가 늘어나기 때문입니다.

에너지라는 것은 어차피 셀 수 없는 양이잖아요. 에너지를 나눠 갖는 가짓수를 센다는 게 의미가 있을까요?

네. 좋은 지적입니다. 양자역학이라는 현대 과학 이론에서는 에너지가 무한히 작게 쪼개지는 양이 아니라, (아주 작긴 하지만) 유한한 단위를 갖는 양이라는 사실을 발견했습니다. 즉 에너지를 분배할 수 있는 가짓수를 센다는 것이 가능해진 것입니다. 그래서 엔트로피를 실제로 계산할 수 있게 되었고, 그에 따르면 온도가 낮아질수록(에너지의 총량이 줄어들수록) 일반적으로 엔트로피가 감소하는 것이 맞습니다.

그러나 이 경우 방은 고립계가 아니고, 전기를 공급하는 발전소까지 포함해야 완전한 고립계가 됩니다. 비록 방 안의 엔트로피는 줄지만 실외기와 발전소의 엔트로피는 크게 늘어나므로 이 경우에도 고립계의 엔트로피는 증가합니다.

청소나 에어컨 냉각 외에 또 엔트로피와 관련된 현상에는 무엇이 있을까요?

우리 주변에서 일어나는 수많은 일들을 엔트로피 증가로 설명할 수 있습니다.

첫째, 소금을 물에 넣어두면 점차 녹습니다. 왜 그럴까요? 소금 분

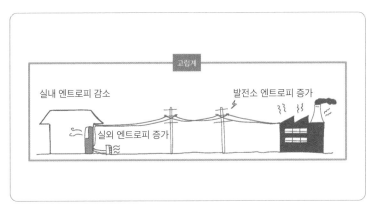

에어컨과 엔트로피

자들이 덩어리로 있는 것보다 물 분자들 사이사이에 들어가 있는 것이 더 많은 배열 가짓수를 만들어내고, 따라서 엔트로피가 증가하기 때문입니다.

둘째, 왜 뜨거운 물을 놓아두면 차츰 식어버릴까요? 열이라는 에너지를 물 혼자 갖고 있는 것의 가짓수보다, 방 안의 공기와 함께 나눠가지는 상태가 훨씬 더 많은 가짓수를 갖고 있기 때문입니다.

셋째, 위에 있던 공이 낙하하는 경우는 있어도 아래 있던 공이 스스로 솟아오르는 경우는 없습니다. 왜 그럴까요? 위에 있던 공이 떨어지면서 점점 속력이 빨라지고 운동에너지가 증가하는데, 바닥에 부딪히면서 에너지를 바닥의 분자들에게 나눠주게 됩니다. 공이 운동에너지를 혼자 갖고 있는 것보다 그 에너지를 바닥의 모든 분자들과 골고루 나눠가지는 경우의 가짓수가 훨씬 더 많기 때문입니다.

넷째, 지면에서 고도가 높아질수록 공기 분자들의 밀도가 적고 기압이 낮아지는데, 엄밀한 계산을 해보면 그런 밀도 분포를 가질 때 공기 분자들의 엔트로피가 최대가 된다는 것을 알 수 있습니다.

다섯째, 최근 이슈가 되고 있는 미세먼지나 미세 플라스틱 문제도 엔트로피와 관련이 있습니다. 물체가 잘게 쪼개져서 온 공간에 퍼져 있는 편이 엔트로피가 더 높기 때문입니다. 미세먼지와 플라스틱을 다시 모으려면 더 큰 엔트로피 증가, 즉 막대한 노력이 요구되는 것이죠.

〈엔트로피 증가와 관련된 일들〉
- 소금이 물에 녹는다.
- 뜨거운 물체가 식는다.
- 물이 낮은 곳으로만 흐른다.
- 미세먼지와 미세 플라스틱이 퍼진다.
- 높이 올라갈수록 기압이 낮아진다.

그럼 지금까지 고립계 내에서 엔트로피가 감소하는 현상은 한 번도 일어난 적이 없나요?

그렇죠. 만일 그런 현상이 한 번이라도 일어난다면 이 법칙이 깨지게 됩니다. 법칙이란 것은 단 하나의 예외도 없어야 성립하니까요.

주로 에너지나 물질이 퍼져 나가는 현상이 엔트로피 증가와 관련 있잖아요. 에너지나 물질이 저절로 한 곳으로 모이면 엔트로피가

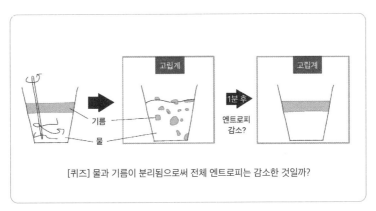

[퀴즈] 물과 기름이 분리됨으로써 전체 엔트로피는 감소한 것일까?

물과 기름의 분리

줄어들 텐데…. 아! 하나 생각이 났어요!

과연 엔트로피 법칙을 깨뜨릴 수 있을지 궁금하네요.

컵에 물과 기름을 넣고 젓가락으로 막 휘저으면 어느 정도 섞이잖아요. 그때 컵을 상자 안에 넣어서 고립계로 만든 뒤 기다리는 거예요. 그럼 저절로 물은 아래에, 기름은 위로 분리되잖아요. 외부 에너지를 사용하지 않고도 스스로 정렬되었으니 엔트로피가 낮아진 게 아니고 뭐겠어요? 맞죠?

아주 멋진 걸 찾아냈군요. 정말 고립계의 엔트로피가 감소한 것일까요? 시간을 두고 같이 생각해보면 좋겠습니다.

6
엔트로피와 삶

어제 한 시간 넘게 고민해봤는데, 엔트로피가 감소한 게 확실한 것 같아요! 달리 엔트로피가 증가할 부분이 없거든요.

물과 기름이 저절로 분리되는 것은 사실이고, 이때 물과 기름의 배열에 대한 엔트로피가 줄어든 것도 맞습니다.

물이 내려가고 기름이 올라오는 것은 중력에 의한 움직임입니다. 즉, 공이 아래로 떨어지고 아래에 있던 공기들이 위로 가면서 자리 바꾸기를 하는 것과 유사한 현상이죠.

공이 떨어지면서 속도가 점점 빨라지듯이, 물 역시 아래로 내려오면서 물의 흐름이라는 운동에너지, 그리고 기름의 흐름이라는 운동에너지가 생기고, 그 에너지는 결국 물 분자와 기름 분자의 진동에너지, 즉 열로 바뀌게 됩니다.

그럼 물과 기름으로 분리되면서 온도가 올라간다는 말인가요?

네. 미세하지만 올라간 게 맞습니다. 거기서 생긴 엔트로피 증가가 물과 기름의 분리에서 생긴 엔트로피 감소량보다 더 큰 것입니다.

물질이 한 곳으로 모이면서 엔트로피가 줄어든 대신, 에너지가 흩어지면서 엔트로피를 증가시켰군요. 아, 역시 열역학 제2법칙은 깨뜨리기 힘드네요.

세상의 엔트로피는 계속 늘어만 갑니다. 정리되어 있던 물건들이 섞이고, 한 곳에 집중되어 있던 에너지가 사방으로 흩어지고, 음식이 부패하고, 물건은 닳고, 세상은 갈수록 무질서해집니다.
자기 주변의 엔트로피가 늘어나도록 내버려두는 사람을 게으른 사람이라고 부릅니다. 반면에 유능한 사람은 벽돌을 모아서 건물을 세우고, 찢어진 옷감을 수선하고, 복잡한 정보를 일목요연하게 정리함으로써 엔트로피를 낮춥니다.

하지만 그렇게 일하는 동안 사람의 엔트로피는 더 많이 늘어나겠죠.

맞습니다. 엔트로피 측면에서 보면 사람은 자신의 질서를 희생시켜 자기 주변에 질서를 창조해가는 존재지요. 그것이 인간의 한계이자 인간의 아름다움이 아닐까요?

인간이 계속 자기 내부의 질서를 잃어버리면 죽음에 이르게 되지 않을까요?

그렇죠. 사람이 자기 내부의 질서를 되찾는 방법에 대해서는 다시 이야기하겠습니다.
유튜브에서 'reverse video'라고 검색해서 동영상을 찾아보면 흥미로운 게 많이 나옵니다. 파편들이 모여서 건물이 되기도 하고, 납작해진 풍선껌이 다시 부풀어 오르기도 하죠.

동영상을 찍은 뒤 시간을 거꾸로 돌린 거네요.

이것들이 거꾸로 돌린 동영상인지, 처음부터 이렇게 찍은 것인지 판단하는 과학적인 기준이 생겼나요?

혹시, 엔트로피 말인가요?

네. 이들은 엔트로피가 감소하는 장면들을 보여줍니다. 그래서 우리에게 낯선 것이죠. 이 공부를 하기 전부터 우리는 이미 직관적으로 엔트로피는 증가해야 하고 감소하는 것은 불가능하다고 믿고 있었던 것입니다.

우리가 말로 정리를 못했을 뿐 열역학 제2법칙을 이미 알고 있었군요.

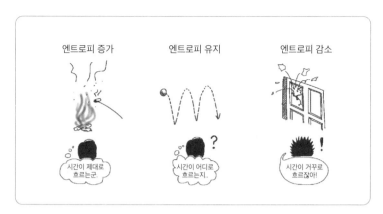

엔트로피와 시간

반면 치어리더들이 율동하는 모습이나, 장대높이뛰기를 하는 장면 등은 거꾸로 돌려도 그다지 어색하지 않죠. 왜 그럴까요?

엔트로피가 거의 유지되고 있기 때문일까요?

그렇습니다. 이 이야기는 아주 중요한 관점을 시사합니다. 바로 시간이 흐르는 방향을 엔트로피가 알려준다는 것입니다.
만일 고립된 이 방에서 1시간 동안 엔트로피가 전혀 증가하지 않았다면, 우리는 잘만 하면 1시간 이전으로 그대로 되돌아갈 수 있습니다. 그러나 대부분의 경우 매 순간 모든 곳에서 엔트로피는 빠른 속도로 증가하고, 그래서 과거로 돌아갈 수 없는 것이지요.

엔트로피가 시간의 방향과 관련되어 있다니, 알쏭달쏭하네요. 그럼, 엔트로피를 감소시킬 수 있으면 타임머신을 탄 것처럼 과거로 돌아갈 수 있을까요?

제가 보기엔 질문 자체가 모호한 것 같습니다. 엔트로피를 감소시킨다는 것 자체가 상상하기 어려운 가정이라서요. 그리고 우리의 의식 자체가 시간의 흐름 속에서 전개되기 때문에 시간의 본질이 무엇인지 이해하거나, 시간에 대해 논하기가 쉽지 않습니다. 다만, 적어도 과거의 상황으로 그대로 돌아가려면 엔트로피가 현재보다 줄어야 한다는 것은 확실하죠.

이제, 인간의 몸에 대해 생각해봅시다. 우리 몸은 어제 또는 1년 전과 비교해서 엔트로피가 증가했을까요, 아니면 감소했을까요? 열역학 제2법칙이 맞다면 우리 몸의 엔트로피는 꾸준히 증가해야만 할까요?

글쎄요. 조금씩 늘어나긴 할 텐데, 아주 빠르게 늘어나는 것은 아닌 것 같아요. 건강이 나빴다가 회복되는 경우도 있잖아요.

맞아요. 이것이 가능한 이유는 우리가 고립계가 아니기 때문입니다.

우리 몸이 외부의 물질과 에너지를 계속 교환한다는 거죠?

우리는 매일 음식물을 먹고, 소변과 대변, 땀과 체열을 배출합니다. 음식물은 분자구조에 특정한 질서가 있는 엔트로피가 낮은 물질

생명체와 엔트로피 생명체는 낮은 엔트로피를 섭취하고 높은 엔트로피를 배출함으로써 자신의 엔트로피를 유지한다.

이고, 이에 비해 배설물은 모든 것이 뒤범벅된 상태, 즉 엔트로피가 높은 물질입니다. 이렇게 낮은 엔트로피를 섭취하고 높은 엔트로피의 물질을 내보냄으로써 우리 몸의 엔트로피를 유지시키는 것입니다.

어떤 학자들은 생명체를 '물질과 에너지를 외부와 교환함으로써 자신의 엔트로피를 유지하는 존재'라고 정의하기도 합니다.

외부로부터 고립된 존재는 생명을 유지할 수가 없겠군요.

우리가 음식을 먹는 이유를 '에너지가 필요하기 때문'이라고 말하지만, 이는 정확한 표현이 아닙니다. 우리가 외부로부터 받아들이는 에너지량은 열이나 배설물로 밖으로 배출하는 에너지량과 정확히 같거든요. 다만 받아들이는 에너지는 낮은 엔트로피, 내보내는 에너지는 높은 엔트로피를 가질 뿐입니다.

우리는 에너지를 소비하는 것이 아니라 실은 엔트로피를 소비하며 사는 거네요.

정확한 표현입니다. 인간은 자연 세계의 엔트로피를 낮출 수 있다는 점에서 창조적이고 위대한 존재지만, 한편으론 자기 자신의 엔트로피를 유지하기 위해 자연으로부터 낮은 엔트로피를 얻어야 하는 의존적인 존재이기도 합니다.

자연에 의존적이면서 동시에 자연에 질서를 부여할 수 있는 힘을 가졌군요.

좀 더 큰 스케일, 지구의 입장에서 생각해봅시다. 지구 전체의 엔트로피는 증가하고 있을까요, 유지되고 있을까요?

지구가 최근 들어 급속히 망가지고 있지만, 그 이전에는 엔트로피가 거의 유지되었던 것 같아요.

네. 지구 역시 고립계가 아니기 때문입니다. 어쩌다가 날아드는 운석 말고는 물질을 교환하는 경우가 거의 없지만, 태양의 빛이 계속 지구를 비춰주고 있습니다. 대신 지구는 파장이 긴 적외선을 온 우주로 뿜어내는데, 태양에서 오는 가시광선은 엔트로피가 낮고, 지구에서 나가는 적외선은 엔트로피가 높은 에너지입니다. 그래서 지구의 엔트로피가 유지될 수 있지요.

지구의 생태도 역시 엔트로피로 설명이 되네요.

이제 더 큰 스케일, 우주 전체를 생각해볼까요? 만일 우주가 고립계라면 우주의 엔트로피는 계속 늘어날 수밖에 없을 거예요. 현재는 태양처럼 뜨거운 별이나, 달처럼 차가운 곳도 있고, 질량이 큰 곳도 있고, 텅 빈 곳도 있어서 독특한 질서와 구조를 갖고 있지만, 엔트로피가 점점 늘어나면 뜨거운 별은 식고 차가운 별은 데워지며, 서로 뒤섞이고 뭉개지면서 우주 전체는 어떤 질서나 리듬도 찾아볼 수 없는 균일한 죽처럼 되고 말 것입니다. 당연히 생명체도 모두 사라지겠죠.

정말이요? 그게 우주의 정해진 운명이란 말인가요?

그런 상태를 '우주의 열적 죽음'이라고 부릅니다. 열역학 제2법칙의 의미를 깨달은 사람들은 우주가 결국에는 열적 죽음에 도달할 것이라고 예측하면서 깊은 절망감에 빠졌지요.

그럴 것 같아요. 저도 갑자기 허무함이 밀려드네요.

어차피 100년도 못 사는 우리가 천년만년 이후의 미래를 걱정할 필요가 뭐 있냐고 묻는 사람도 간혹 있지만, 인간이란 내 죽음 이후, 먼 미래, 영원한 우주까지 생각하고 거기서 의미를 찾으려 하는 기묘한 존재입니다. 평생을 몰라도 먹고사는 데 아무런 지장이 없는 엔트로피에 대해 이해하려고 애쓰는 독자들도 마찬가지겠죠.

우주가 열적 죽음을 피하려면 어떻게 해야 하나요?

둘 중 하나죠. 엔트로피 법칙이 틀리거나, 우주가 고립계가 아니어야 합니다. 즉, 우주가 그 외부의 또 다른 차원의 세계와 연결되어 있어야 하는데, 제 생각엔 그럴 가능성도 전혀 부정할 순 없을 것 같아요.
우리 자신이 우주의 일부일뿐더러, 우리가 경험한 것 역시 우주의 지극히 좁은 한 귀퉁이에서 일어나는 일에 제한되어 있습니다. 거기서 얻은 극히 제한된 지식을 바탕으로, 마치 우주 바깥에서 우주 전체를 바라보듯 우주의 운명을 판단하는 게 조금 섣부르다는 생각도 드네요.

음, 아직 모르는 것이 너무 많네요. 엔트로피에 대해 처음 이야기하실 때 사회적 현상에도 엔트로피가 적용된다고 하셨잖아요. 전 그것도 궁금해요.

그와 관련해서는 제레미 리프킨이 쓴 《엔트로피》가 가장 유명하죠. 물리학자들은 논리 전개에 있어서 과학적 엄밀성이 부족하다고 비판기도 하지만, 큰 틀에서는 설득력이 있다고 생각해요.

저는 비슷한 주제의 책인 《무질서의 과학》을 잠깐 소개해볼게요. 저자 잭 호키키안은 이집트 출신의 과학자로, 부유한 나라 미국에 가서 사람들이 첨단 기술로 개발된 온갖 편리한 장치들을 사용하는 것을 보았습니다. 그는 미국 사람들이 자신의 동족보다 훨씬 더 여유 있는 삶을 누릴 것이라고 추측했죠. 그러나 현실은 그렇지 않았습니다.

왜요?

미국 사람들의 삶이 더 바쁘고 분주하고 더 복잡했던 것입니다. 어떤 일을 편하게 하기 위해 새로운 기술과 물건을 도입하면 그 일 자체는 수월해지겠지만, 그 기술을 개발하고 유지하고, 그 물건을 구입하고 활용하기 위해 지불해야 하는 추가적인 정신적·육체적 노동의 대가가 편리함을 얻는 것보다 훨씬 더 커 보였거든요.

호키키안은 이것이 엔트로피 증가 현상과 유사하다는 것을 발견했습니다. 즉, 우리는 엔트로피를 줄여서 더 질서 있고 편리한 세상으로 나아간다고 믿지만, 실은 그 과정에서 세상을 더 복잡하고 더 까다롭게 만들고 있기 때문에 괴로움이 가중되고, 더 지치게 된다는 것입니다.

한쪽에서 엔트로피를 줄였지만, 그 과정에서 다른 쪽의 엔트로피가 더 늘어났다는 거죠?

네. 예를 들어 우리나라에 KTX가 도입된 이후 이동하는 데 소요되는 시간이 줄어들면서 그 시간을 여가나 자기계발에 쓸 수 있다고 생각하지만, 실제로 보면 그렇지가 않거든요.

예전과 똑같이 1박 2일 출장을 가더라도 이동 시간이 줄었다는 이유로 회사는 직원에게 더 많은 업무를 부여하고, 더 많은 성과를 내기를 기대합니다. 또 과거에는 긴 이동 시간에 책도 읽고, 이런저런 사색도 하고, 낮잠도 잤지만, 이젠 그럴 여유가 사라졌습니다. 스마트폰으로 언제든지 메일을 열어볼 수 있기 때문에 사람들은 직장을 떠나 집에 있든 휴가지에 있든, 메일 확인을 못했다는 핑계를 댈 수도 없게 되었습니다.

지식적인 측면도 마찬가지입니다. 과거에는 가정에서 부모로부터 삶에 필요한 지식을 다 배울 수 있었지만, 지금은 유치원에서 시작해서 초·중·고, 대학, 대학원을 나와도 지식이 충분하지 않죠.

그건 그래요. 이 세상엔 내가 모르는 게 대부분이라는 불안감이 늘 자리 잡고 있어요.

어떤 학자는 인류가 스스로 만들어낸 복잡한 시스템, 그리고 거기서 생겨난 새로운 무질서 때문에 멸망할 수도 있다고 경고합니다. 《무질서의 과학》에서도 저자는 끊임없이 문명을 발전시키기보다는 삶을 단순하게 만들어갈 필요가 있다고 주장하는데, 개인적으로 많이 공감이 되더군요.

지금 우리 삶의 엔트로피는 어떤 수준인지, 그리고 우리에게 진정한 행복을 수는 삶은 어떤 것인지 다시 생각해볼 필요가 있습니다.

분자들의 운동을 분석하기 위해 도입된 엔트로피가 생태계와 우주, 시간과 문명에 대한 반성에까지 연결되네요. 저도 찬찬히 곱씹어보겠습니다.

정리

1. 어떤 물체가 뜨겁다는 것은 _____이 활발하다는 의미이며, 분자의 평균 운동에너지는 _____온도로 표현한다.

2. 냉방기는 열을 없애는 대신 내부의 열을 바깥으로 방출한다. 이때 방출하는 열은 내부에서 빼앗은 열과 사용된 _____에너지의 합과 같다.

3. 모든 뜨거운 물체는 빛을 내는데, 온도가 높을수록 _____ 파장의 빛이 많이 나온다.

4. 지구온난화는 이산화탄소 층이 가시광선에 대해서는 투명하고, _____에 대해서는 흡수 및 반사하기 때문에 생겨난다.

5. 인위적으로 한 곳의 엔트로피를 낮추더라도 다른 곳에서는 엔트로피가 _____한다. 그래서 고립된 공간의 엔트로피의 총합은 절대 _____하지 않는다.

6. 엔트로피는 _____다.
   왜냐하면 _____기 때문이다.
   (생각나는 대로 자유롭게 쓰기)

---

1. 분자운동, 절대 2. 전기 3. 짧은 4. 적외선 5. 증가, 감소

5장

에너지

1
에너지의 발견

지금까지 우리는 에너지라는 말을 자주 사용해왔죠. 그런데 에너지가 뭘까요?

음, 대충 느낌은 알겠는데 뭐라고 설명해야 할지 모르겠어요.

그래요. 사실 익숙한 단어일수록 설명하기 힘들죠. 사전에서는 보통 '일을 할 수 있는 능력'이라고 정의합니다.
옛날 사람들은 시냇물이 높은 데서 낮은 데로 떨어지는 것을 보고 '저 물의 힘을 이용해서 뭔가를 할 수 있겠다'라고 생각하고는 물레방아를 만들고, 그 돌아가는 힘으로 곡식을 찧었지요. 또 센바람이 풍차의 날개를 돌릴 수 있다는 것을 알고는 그 힘을 이용해서 물을 퍼내거나 다른 일을 할 수 있었습니다. 높은 곳에 있는 물, 그리고 움직이는 바람은 뭔가를 가지고 있어서 우리가 어떤 일을 하는 데 이용할 수 있다고 본 거죠.

그 뭔가가 바로 에너지로군요.

그렇습니다. 자연에서 발견되는 에너지를 잘 이용하면 사람이 직접 일하지 않아도 된다는 게 가장 매력적으로 다가왔을 겁니다. 하지만 이 자연의 에너지엔 문제가 있었죠. 비가 안 와서 물이 마르거나, 바람이 그치면 더 이상 일을 할 수 없었으니까요.

그래서 에너지를 다른 데서도 찾기 시작했는데 그때 눈에 띈 것이 증기의 힘, 물을 끓일 때 수증기가 팽창하는 힘이었습니다. 이 수증기의 힘을 어떤 방식으로 이용할 수 있을까요?

주전자에 물을 끓일 때 주둥이에서 나오는 김 말이죠? 거기에 바람개비 같은 것을 갖다 대면 돌아갈 것 같은데, 그다지 힘이 세진 않을 것 같아요.

좋은 생각이에요. 김이 밖으로 새어나가지 않도록 밀봉하면 훨씬 더 큰 힘을 얻을 수 있습니다. 예를 들어, 물이 들어 있는 주사기의 피스톤 위에 물건을 얹어놓고 물을 끓이면 상당히 무거운 물건도 들어 올릴 수 있습니다. 이런 생각을 거듭 발전시키다가 등장한 것이 바로 증기기관입니다.

1765년 제임스 와트가 그동안 나온 아이디어를 개량해서 실용적

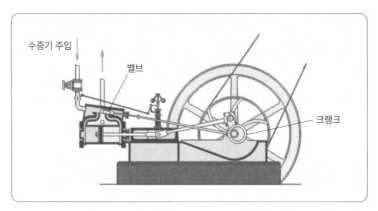

수증기 주입

밸브

크랭크

제임스 와트의 증기기관

인 엔진을 만들었습니다. 물을 큰 솥에 담고 석탄으로 끓이면 증기가 앞으로 들어가 피스톤을 뒤로 밉니다. 이 미는 힘으로 바퀴가 굴러가죠. 이제 위의 밸브를 움직여서 증기를 피스톤의 뒤로 보내야합니다. 그럼 피스톤이 앞으로 움직이면서 바퀴가 더 굴러갑니다.

바퀴를 계속 돌리려면 누군가가 적당한 타이밍에 맞춰 계속 밸브를 움직여줘야겠네요.

몹시 불편하겠죠? 그래서 이를 해결할 새로운 아이디어가 제시되었습니다. 바퀴가 굴러가는 힘을 이용해서 밸브가 자동으로 움직이도록 크랭크를 설계한 것이죠. 이제 해야 할 일은 단 하나, 물만 계속 끓여주면 됩니다.

익숙한 것들의 마법, 물리 1

오, 그런 생각을 해내다니! 그럼 열차를 세우려면 어떻게 해야 하나요? 물 끓이는 불을 꺼야 할까요?

그것도 크랭크를 개조하면 가능합니다. 크랭크의 기어를 바꾸면 피스톤이 움직여도 바퀴가 움직이지 않도록 만들 수 있죠. 자동차의 기어를 중립으로 놓는 것과 같습니다.

이렇게 증기기관이 발명됨으로써 언제든지 물과 땔감만 있으면 바퀴를 움직일 수 있게 되었습니다. 바퀴가 돌아가면 자동차를 움직이는 것뿐만 아니라 약간의 장치를 추가해 무거운 돌을 들어 올린다든지, 망치를 내려친다든지, 곡식을 간다든지 등의 다양한 일을 할 수 있습니다. 제1차 산업혁명이 거기서 시작됩니다.

증기기관은 그 이후로도 계속 개량되고 발전을 거듭했습니다. 이때 누군가가 신형 증기기관을 소개하면서 "이전 모델보다 훨씬 더 훌륭합니다"라고만 말하면 설득력이 없겠죠. 최대 어느 정도의 힘을 내고, 석탄 1kg을 사용해서 얼마만큼의 일을 할 수 있는지, 또 얼마나 짧은 시간에 그 일을 해낼 수 있는지 등 성능을 수치적으로 제시할 수 있어야 합니다. 이런 과정을 통해 에너지에 대한 개념이 정교하게 발전하는 거죠.

과학 시간에 에너지, 힘, 일률을 배우긴 했는데, 서로 비슷비슷해서 헷갈리더라고요.

1리터 용기에 물을 가득 채우면 그 질량이 1kg인데요, 그 1kg을 지구가 당기는 힘의 크기가 약 10N(뉴턴)입니다. 친구는 물을 몇 리터 정도 들 수 있죠?

지금은 2리터짜리 생수 10개 정도는 들 수 있어요.

지구에서 물 20kg을 들 수 있다면, 팔이 낼 수 있는 힘은 200N입니다.
이제 20kg짜리 물건을 1m 높이의 탁자 위로 올려보세요. 방금 한 일은 200N×1m=200J입니다. 또는 "이 일을 하면서 사용한 에너지는 200J이다"라고 말합니다.
친구는 하루 종일 얼마 정도의 일을 할 수 있을 것 같나요?

이런 일을 200번은 할 수 있을 테니, 40,000J 정도는 가능할 것 같은데요?

좋습니다. 20kg짜리 물체를 1m 올리는 데 한 친구는 1초 만에 올리고, 어떤 친구는 2초가 걸린다고 해봅시다. 어느 경우든 한 일은 같고, 사용한 에너지도 같지만, 같은 일을 얼마나 짧은 시간에 할 수 있는지 일의 효율을 나타내기 위해 일률(W)이라는 단위를 사용합니다. 2초 동안 이 일을 한다면 일률이 200J÷2s=100W가 됩니다.

W가 와트 단위인가요? 전자제품에서 많이 본 것 같은데요.

낮습니다. 전자제품에서 소비 전력이라고 하는 것이 일률에 해당합니다. 예를 들어 에어컨의 소비 전력이 2000W(2kW)라고 하면, 매 초당 2000J의 전기에너지를 사용한다는 뜻입니다.

네? 그럼 20kg의 물체를 1초에 10m씩 올리는 에너지와 같네요. 엄청난 에너지 소비로군요. 그러니 에어컨을 쓰면 전기요금이 많이 나올 수밖에 없겠네요.

집에서 전기를 20,000J 사용하면 전기요금이 얼마나 나올지 맞춰 보세요.

20kg짜리 물체를 100m 위로 올리거나, 2kW 에어컨을 10초 동안 풀가동할 수 있는 에너지니까 적어도 100원은 내지 않을까요?

누진세가 있어서 얼마라고 딱 잘라 말하기는 어렵지만, 대략 1원 이하입니다.

네? 겨우 1원이요? 너무 싼 것 같은데요? 제 몸으로 직접 그 일을 한다면 1000원은 받을 거예요.

우리는 단돈 1원을 내고 전기에게 엄청난 일을 시키고 있는 거죠.

제가 집에 온 전기요금 고지서를 확인해봤거든요. 그런데 여긴 제

```
          (전기요금 고지서)

      계량기 지침 비교          1 kWh = 1000W X 1h
   당월지침   02884.00            = 1000W X 3600s
   전월지침   02544.00            = 3,600,000 J

        사용량 비교
   당    월    340kWs
   전    월    358kWs
   전년동일    0kWs
```

전기요금 고지서

가 쓴 에너지가 J로 쓰여 있지 않고, 340kWh라고 되어 있어요.

k는 1000, W는 전력(또는 일률)인 와트, h는 시간(hour)을 나타냅
니다. 즉 340W를 1000시간 동안 사용한 에너지에 해당한다는 뜻
이죠. 1kWh를 J로 바꾸려면 1시간을 3,600초로 바꿔서 곱해줍
니다. 그럼 1kWh=3,600,000 J임을 알 수 있습니다.

엄청난 에너지군요.

J과 Wh 외에도 칼로리(cal, calorie)라는 에너지 단위도 있습니다.
1kcal는 1kg의 물의 온도를 1도 올리는 데 필요한 열에너지입니다.
과거에는 열과 에너지를 독립적으로 취급했기 때문에 서로 다른 단
위를 사용했지요.

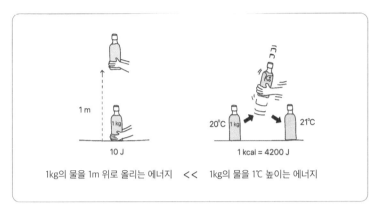

1kg의 물을 1m 위로 올리는 에너지 << 1kg의 물을 1℃ 높이는 에너지

줄과 칼로리

그렇다면 1kg의 물을 1m 높이로 올리는 데 필요한 10J, 그리고 그 물의 온도를 1도 올리는 데 필요한 1kcal 중 어느 쪽이 더 큰 에너지일까요?

온도를 1도 올리려면 물통을 한참 동안 흔들어야 하잖아요. 그게 조금 더 힘들 것 같아요.

그래요. 1kcal는 4200J과 같습니다. 즉, 물의 온도를 1도 올리는 데 필요한 에너지는 그 물을 420m 위로 올리는 에너지에 해당합니다. 또는 이 물을 초속 92m의 속도로 던지는 에너지와도 같습니다.

kcal가 아주 큰 단위였네요. 여기 음료수 캔에 112kcal라고 쓰여 있는데, 이걸 마시면 이만큼의 에너지를 얻는다는 건가요?

음료수 열량 이 음료에는 112Kcal, 약 470,000J의 에너지가 담겨 있다.

그렇습니다. 약 47만J의 에너지에 해당하죠. 몸무게가 47kg인 사람을 1km 위로 올릴 수 있는 에너지입니다.

고작 음료수 1캔 마시고 무등산 정상 근처까지 오를 수 있다고요? 전 등산 한번 다녀오면 허기져서 삼겹살 2인분에 음료수 한 잔을 마시는데요?

음료수 캔 하나 마시고 그 에너지로 등산을 할 수 있는 사람은 없습니다.
실제로 우리 몸은 영양소를 100% 흡수하지 못하는 데다, 또 대부분의 에너지는 우리 몸의 체온을 유지하는 데 사용되고 있습니다. 이런 모든 상황을 감안하더라도 음식물 안에 들어 있는 에너지는 우리의 상상보다 훨씬 더 크죠.

음식물에 칼로리가 그렇게 많다니 먹기 무섭네요.

음식물 안에 그렇게 많은 에너지가 담겨 있다는 사실은 생존 측면에서 볼 때 아주 다행인 거죠. 그보다 두려움이 먼저 든다는 것은, 우리가 그만큼 기이한 '과잉'의 시대를 살고 있다는 뜻입니다.

2
에너지의 변환과 보존

이 방 안에는 어떤 에너지가 존재하고 있는지 찾아볼래요?

음, 일단 방이 좀 따뜻하니 열에너지가 있고요, 창으로 햇빛이 들어오고 있으니 빛에너지도 있겠네요. 충전된 제 휴대전화 안에는 전기에너지가 들어 있겠죠?

잘 찾았습니다. 또 저기 바람에 흔들리는 나뭇가지는 운동에너지, 책장 위에 놓인 책들은 위치(중력)에너지를 가지고 있다고 말할 수 있습니다. 책의 종이들은 그 화학적 구조 안에 에너지를 품고 있어서 탈 때 에너지를 방출할 수 있죠. 이를 화학에너지라고 합니다. 사람 몸무게에 눌려 있던 소파는 나중에 위로 솟아오르게 되는데, 이는 탄성에너지라고 부릅니다.

다 한 번씩은 들어본 에너지예요.

이 다양한 에너지들은 형태를 계속 바꾸면서 다른 에너지로 전환됩니다. 여기 탱탱볼 하나를 들고 있다가 떨어뜨려보겠습니다. 현재이 공은 바닥보다 높은 곳에 있어서 위치(중력)에너지를 갖고 있습니다. 손을 놓으면 아래로 내려가면서 위치에너지가 줄어들지만 대신 속력이 점점 빨라지면서 운동에너지가 늘어납니다. 그리고 바닥에 맞고 나면 다시 솟아오르면서 운동에너지가 다시 위치에너지로전환됩니다. 이렇게 중력에너지와 운동에너지가 계속 교환되는 모습을 볼 수 있습니다.

그런데 바닥에 맞을 때마다 올라오는 높이가 조금씩 줄어들고, 결국엔 멈춰버리잖아요. 에너지가 조금씩 사라지고 있다고 봐야 하나요?

중력에너지와 운동에너지만 보면 그렇죠. 공이 바닥과 부딪힐 때마다 바닥을 진동시켜서 바닥에 에너지를 조금씩 주고 있고, 또 공기와 부딪히면서도 공기 분자에게 에너지를 조금씩 나눠줍니다. 말하자면 소리와 열에너지 등으로 바뀌는 것이죠. 그 흩어진 모든 에너지를 다 더해보면 처음 갖고 있었던 위치에너지와 같아요.

아, 그렇군요. 궁금한 게 또 있어요. 공이 바닥에 닿는 순간 순간적으로 멈추게 되잖아요. 그럼 위치에너지와 운동에너지 모두 0이 되

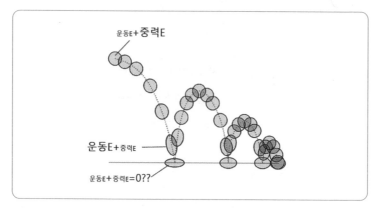

튀는 공 공의 탄성에너지, 그리고 바닥과 공기의 진동에너지까지 고려하면 전체 에너지량이 보존된다.

는데, 그 순간엔 에너지가 무엇으로 전환되었을까요?

오, 날카로운 관찰입니다. 바닥과 닿는 그 순간을 잘 상상해보세요. 공이 납작하게 찌부러져 있지 않을까요? 마치 눌린 용수철처럼 탄성에너지로 갖고 있다가, 그 탄성에너지를 이용해서 위로 튀어 오르게 되는 거죠. 그래서 애니메이션 그리는 사람들도 통통 튀는 공을 스케치할 때 바닥에서는 납작하게, 튀어 오를 때는 위아래로 길쭉하게 그립니다. 다만, 아래로 내려가는 순간에도 길쭉하게 그리는 것은 이상하지만 말입니다.

만화도 과학적으로 그려야겠네요.

에너지의 변환은 매 순간 일어납니다. 새총으로 돌을 쏴서 옥상 위로 올린다고 하면, 고무줄의 탄성에너지를 돌의 운동에너지로 바꾼 후에 위치에너지로 변환시키는 것이고, 증기기관은 석탄이라는 화학에너지를 물의 열에너지로 바꾼 후에 바퀴를 굴리는 운동에너지로 바꾸는 것입니다. 휴대전화 화면에서는 건전지에 내장된 화학에너지를 전기에너지로 바꾼 후 다시 빛에너지로 바꾸고 있죠.

이렇게 에너지는 형태가 계속 바뀔 수 있지만 그 총량은 변하지 않는 것을 '에너지보존법칙'이라고 합니다. 우리가 엔트로피에 대해 배울 때 열역학 제1법칙은 건너뛰었죠?

네. 안 그래도 제1법칙은 뭘까 궁금했어요.

열역학 제1법칙을 쉽게 풀어쓰자면, **'에너지의 총량은 보존된다. 단, 에너지 안에는 열도 포함된다'**입니다.

우리는 이미 열이 분자들의 운동 혹은 진동에너지라는 사실을 알고 있지만, 과거에는 열의 정체를 알지 못했기 때문에 이런 법칙을 명시할 필요가 있었던 거죠.

한쪽에서 에너지가 사라진 만큼, 반드시 다른 곳에서 같은 양의 에너지가 나타납니다. 이렇게 시간이 아무리 흘러도 불변하는 양이 존재한다는 것은 자연을 이해하는 데 매우 중요합니다.

엔트로피는 시간에 따라 점점 늘어나는데, 에너지는 보존되는군요.

지금은 교과서에 나오니까 에너지보존법칙을 그냥 쉽게 받아들이

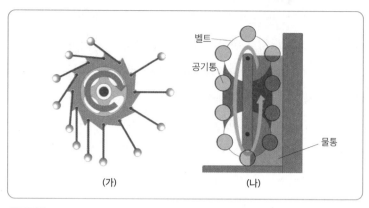

벨트
공기통
물통
(가)   (나)

영구기관

지만, 옛날 사람들은 에너지를 새로 창조해낼 수도 있을 것이라고
기대했죠. 그 노력 중 하나가 바로 '영구기관'(밖으로부터 에너지의
공급을 받지 않고 외부에 대하여 영원히 일을 계속하는 가상의 기관)
의 발명이었죠.

네. 들어본 적 있어요.

위 그림에서 (가)는 구슬의 자체 무게로 기어가 저절로 돌아간다는
아이디어에서 발명된 영구기관입니다. (가) 그림에서 오른편에 있
는 구슬이 왼편의 구슬보다 수는 적지만, 중심축에서 더 멀기 때문
에 오른쪽으로 돌리는 힘이 더 셀 거라고 주장합니다. 기어가 조금
돌게 되면 맨 위쪽 구슬이 오른쪽으로 젖혀지고 그래서 계속 돌게
될 거라는 거죠.

(나) 그림의 기관은 물의 부력을 사용합니다. 오른편에 커다란 수조가 놓여 있고, 공기가 들어 있는 동그란 통이 한 줄로 연결되어서 돌아갈 수 있게 되어 있습니다. 공기통 약 4개가 물속에 잠겨 있기 때문에 부력에 의해서 위로 올라가고, 따라서 전체 고리가 반시계 방향으로 돌 것이라고 예측한 것입니다.

(가)는 모르겠지만 (나)는 정말 될 것 같은데요? 혹시 마찰 때문에 안 움직일까요?

막상 만들어보면 꼼짝하지 않습니다. 제작 기술이 완벽하지 않거나 마찰이 있어서 돌지 않는 것이 아니라, 원리적으로 불가능하기 때문입니다. (가) 기계에서는 왼편의 막대 팔이 짧은 대신 항상 구슬의 개수가 많아서 힘이 평형을 이루고, (나) 기계에서는 맨 아래 공기통이 물속으로 들어가려고 할 때 물이 이 통을 밀어내는 힘이 전체 부력보다 항상 더 큽니다.
이 기계들이 움직이는 힘이 얼마인지 물리학과 수학을 사용해서 계산해보면, 모두 0이라고 나옵니다. 이 기계를 구성하는 구슬의 질량이나 물통의 구조, 막대의 길이, 그 어떤 것을 바꾸더라도 움직이지 않는다는 것이 수학적으로도 자명합니다.

에너지보존법칙은 경험적이라기보다는 수학적 결론이로군요.

신기한 현상을 하나 보여줄게요. 레일 가운데에 자석을 하나 두고,

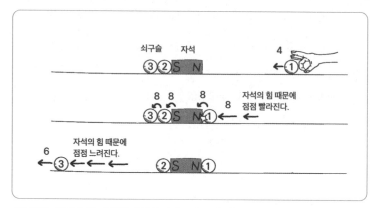

에너지가 생겨났다? 오른쪽에서 굴러간 구슬보다 왼쪽으로 튕겨 나가는 구슬의 에너지가 더 크다.

오른쪽에서 자석을 향해 쇠구슬 하나를 굴립니다. 이 쇠구슬의 충격으로 반대쪽의 쇠구슬이 튕겨 나갈 텐데, 굴러간 구슬과 튕겨 나간 구슬 중 어느 쪽의 속력이 더 빠를까요?

에너지보존이 되어야 하니까 속력이 똑같겠죠. 마찰이나 소리로 잃어버리는 에너지가 있다면 그만큼 속력이 줄 테고요.

하지만 직접 해보면 튕겨 나간 구슬이 더 빠릅니다.

앗! 정말이네요. 이건 말이 안 되잖아요.

저도 처음에 이걸 봤을 땐 깜짝 놀랐습니다. 처음 굴린 ①번 구슬의 운동에너지를 4라고 해봅시다. 구슬이 자석에 가까이 다가갈수록 끌어당기는 힘을 받으므로 속력이 점점 빨라져서 8의 에너지로 자석과 충돌합니다. 그 8의 충돌 에너지는 자석 왼쪽의 ②번 구슬, 그리고 ③번 구슬로 전달됩니다. 그리고 이 ③번 구슬이 8의 에너지를 가지고 출발합니다.

잠깐만요. 그래도 자석이 ③번 구슬을 잡아당기니까 속력이 줄어들어야 하잖아요.

맞습니다. 그러나 ③번은 ①번 구슬보다 **'자석에서 더 멀리 떨어져 있기 때문에'** 아까만큼 세지 않아요. 그래서 8의 에너지가 6 정도로 줄어듭니다.

결국 4의 에너지로 들어왔다가, 6의 에너지를 갖고 나가는 셈이 되는군요. 이런 식으로 계속 구슬을 집어넣으면 에너지를 계속 얻게 되는 것 아닌가요? 일종의 '영구기관'이 되어버렸는데요?

후후. 안타깝지만 그렇게 되지는 않습니다. 처음에는 자석 왼쪽에 구슬이 두 개였는데, 이제는 자석 좌우로 구슬이 한 개씩 놓여 있잖아요. 이런 상태에서는 왼쪽에서 새 구슬을 집어넣어도 속도가 빨라지지 않아요.

구슬 ①번을 떼서 구슬 ②번 옆에 붙인 후에 새 구슬을 보내면 될 텐데요.

구슬 ①번을 떼는 데 필요한 에너지가 4이고, 이걸 ②번 옆에다 놓을 때 (자동으로 끌려가므로) 에너지 2를 얻게 됩니다. 결국 2의 에너지를 사용해야 할 수 있는 작업이죠.

아, 구슬을 재배치하는 데 2의 에너지를 소모하고, 다음 시도에서 구슬이 튕겨 나올 때 2의 에너지를 얻으니, 결국 남는 게 없어요. 에너지보존법칙은 정말 매정하네요.

네. 구슬이 튕겨 나올 때 얻은 2의 에너지는 자석과 쇠구슬의 원래 배치가 갖고 있었던 에너지에서 나온 것입니다. 이렇게 물체의 위치나 배치와 관련된 에너지를 '위치에너지' 혹은 '잠재에너지'(potential energy)라고 부릅니다. 지면에서 높은 곳, 눌려 있는 용수철 위, 자석의 N극과 N극이 서로 맞닿아 있는 곳 등이 잠재에너지가 높은 곳이죠.

그럼 자석의 S극 근처는 잠재에너지가 낮은 곳인가요?

누구의 입장에서 보느냐에 따라 다릅니다. 다른 자석의 N극이 볼 때는 맞지만, 다른 자석의 S극 입장에서는 S극이 잠재에너지가 높은 곳에 해당합니다. 쇠구슬의 입장에서는 N극이든 S극이든 모두 잠재에너지가 낮은 곳이라고 할 수 있고요.

야구장이 어떤 사람들에게는 잠재에너지가 낮은 최고의 장소이지

잠재에너지

만, 어떤 이들에게는 불편한 장소인 것과 비슷하네요.

그렇죠. 모든 물체는 자기 입장에서 잠재에너지가 높은 곳에서 낮은 곳으로 이동하려는 경향이 있고, 그때 줄어든 잠재에너지만큼 운동에너지로 전환됩니다. 마치 수업하기 싫은 학생이 교실에서 바깥으로 뛰쳐나갈 때 엄청난 속력을 갖는 것처럼 말이죠.

자연의 법칙처럼, 우리도 잠재에너지를 운동에너지로 바꾸고 싶어 하는 경향이 있는 것 같습니다. 왜냐하면 운동에너지는 눈에 바로 보이고 다른 사람 앞에서도 드러날 수 있지만, 잠재에너지는 보이지 않고 쉽게 확인되지도 않기 때문입니다.

공부할 때도 그렇습니다. 어떤 공부는 내적인 힘, 잠재에너지를 키

워주는가 하면, 그것과는 무관하게 당장 이번 시험 점수를 올리는데 급급한 공부가 있지요. 그런 공부만 하다 보면 당장 에너지는 증가한 것처럼 보이지만, 실제로 우리 내부의 잠재에너지는 점점 고갈될 수 있습니다. 보이는 에너지가 다가 아닌 것입니다.

겉모습에만 치중하다 보면 내적인 에너지가 고갈될 수 있다는 말이로군요.
또 궁금한 게 생겼어요. 어느 누구도 에너지를 소멸시키거나 새로 만들어낼 수 없다고 하셨잖아요. 그런데 왜 에너지를 아껴 쓰고 낭비하지 말라고 하는 걸까요?

에너지의 총량은 변하지 않지만, 에너지의 질은 다릅니다. 같은 1만 J의 에너지라고 해도 그 에너지가 보조 배터리에 들어 있거나 휘발유 형태로 존재한다면 다양한 용도로 유용하게 쓸 수 있지만, 방안의 열로 존재하고 있다면 달리 활용할 길이 없습니다.

같은 양의 에너지라도 활용도나 가치가 다르다는 거네요.

네. 전기에너지, 화학에너지, 중력(위치)에너지 같은 것은 비교적 사용하기 편리하지만, 열에너지는 사용하기 어렵습니다. 엔트로피 측면에서 보면 엔트로피가 낮은 에너지가 사용하기 편리한 고급 에너지입니다.
예를 들어 '바람'과 '뜨거운 공기'는 모두 공기 분자의 운동에너지로

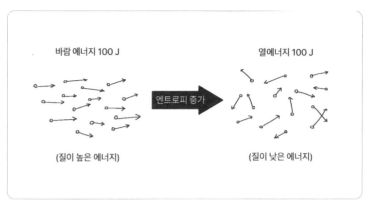

바람 에너지 100 J   열에너지 100 J

엔트로피 증가

(질이 높은 에너지)   (질이 낮은 에너지)

에너지와 엔트로피 에너지의 총량은 변함없으나 에너지의 질은 계속 낮아진다.

이루어져 있지만 에너지의 질에는 차이가 있습니다. 바람은 공기 분자들이 모두 같은 방향으로 움직이는 집단 이동인 반면, 뜨거운 열은 공기 분자들이 아무 질서 없이 무작위로 움직이는 상태입니다. 바람 에너지는 풍차를 돌리는 등 운동에너지로 쉽게 전환할 수 있지만, 공기의 열을 다른 에너지로 바꾸기는 쉽지 않죠. 바람은 낮은 엔트로피, 열은 높은 엔트로피에 해당합니다. 이러한 이유로 엔트로피를 '사용할 수 없게 된 에너지'라고 설명하기도 합니다.

고급 에너지를 자꾸 사용하면 대부분이 열로 전환되는군요. 그렇다면 에너지 낭비는 지구온난화도 가속화시키겠어요.

그렇습니다. 불필요하게 에너지의 엔트로피를 높이지 않도록 노력해야 합니다.

3
에너지의 근원, 태양

헉헉. 버스가 막혀서 정류장에서 여기까지 열심히 뛰었어요. 땀이 다 나네요.

수고했습니다. 뛰는데 사용한 그 에너지는 어디서 얻었을까요?

제 몸의 에너지요? 아마 음식에서 얻었겠죠? 아침으로 빵이랑 달걀을 먹었거든요.

좋아요. 빵과 달걀은 어떻게 에너지를 품게 되었을까요?

밀가루로 만든 빵은 밀이 성장하면서 에너지를 자기 안에 농축시켰을 것 같아요. 그 에너지는… 아마도 태양에서 왔겠죠.

그렇겠네요. 달걀은요?

닭이 먹은 모이에서 왔을 것 같은데요. 식물 모이는 역시 태양에서 왔고, 닭이 먹은 지렁이 같은 것은 다른 식물에서 왔으니까 그 근원도 역시 태양이겠죠.

그럼 대략 이런 결론이네요. **'오늘 나를 움직이게 한 에너지는 모두 태양에서 왔다.'**

아, 그렇군요. 내가 태양에너지에 의해 움직이고 있었다니! 그래서 날씨가 흐린 날은 기운 없이 우울해지고, 볕이 좋은 날은 절로 의욕이 넘쳤던 걸까요? 내 몸은 자기 에너지의 근원이 태양이라는 걸 이미 알고 있었나 봐요.

말이 되네요. 에너지 이야기를 좀 더 해보도록 하죠. 버스를 타고 왔다고 했는데, 버스는 무슨 에너지로 움직였을까요?

버스는 석유에서 얻은 경유나 LPG로 움직인다고 들은 것 같아요. 석유는 땅속에서 나온 거니까, 땅의 에너지라고 해야 할까요?

석유나 석탄을 화석에너지라고 하는데, 동물의 사체나 식물이 땅에 묻힌 뒤 오랜 시간 동안 열과 압력을 받으면서 생겨난 것들입니다. 그 기간이 수천만 년에서 수억 년 정도 걸리긴 하지만요.

석유가 동식물에게서 온 것이라면, 결국 버스를 움직인 에너지도 태양에서 시작된 것이로군요.

그렇다면 우리가 태양과 무관하게 사용하고 있는 에너지는 어떤 것일까요?

이 방을 밝히는 전등, 그리고 제 휴대전화에 충전된 전기에너지 같은 것은 태양하고 상관없을 것 같아요.

전등이나 충전 모두 집에 공급되는 전기를 사용하니, 발전소에서 전기를 어떻게 만드는지 들여다보면 되겠네요. 일단, 발전소 종류에 따라 사용하는 에너지가 달라요.

화력발전소는 석탄이나 석유를 쓰고, 수력발전은 물의 낙차를 이용한다고 알고 있어요. 요샌 풍력발전소도 꽤 보이던데요.

네. 수력발전은 비를 높은 곳에 가두었다가 떨어질 때 생기는 에너지를 이용하는데, 바다나 육지에 있다가 증발된 물이 비가 되는 것이니 수력발전 역시 태양에너지에 기반을 두고 있습니다.
바람도 지구의 표면을 태양이 비균일하게 데워서 생기는 것이므로 태양에너지입니다. 태양광발전은 말할 것도 없고요.

정말 그렇네요. 원자력발전은 어떤가요?

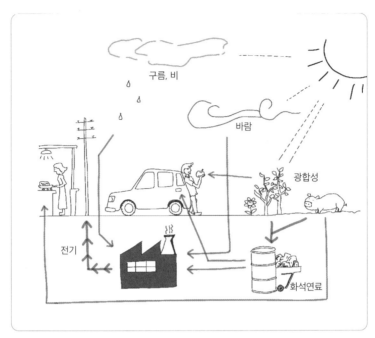

에너지의 근원

원자력은 특정 원자들이 갖고 있는 고유의 에너지를 사용하니까 태양과 직접 관계가 없습니다. 또한 밀물과 썰물의 움직임을 이용하는 조력발전은 달이 지구를 당기는 중력을 이용하므로 조력도 태양과 무관하고요. 지금까지 나온 이야기를 정리해보면 위의 그림과 같습니다.

그럼 원자력과 조력발전을 제외하고는 모든 에너지가 태양에서 온다는 것이네요. 태양이 지구를 적당히 따뜻하게 유지시켜준다고만 생각했지, 인간 활동에 이렇게까지 영향을 미치는 줄은 몰랐어요.

현재 우리나라 발전에 사용되는 에너지의 비율을 보면, 석탄과 석유, 가스 등을 활용하는 화력이 60% 이상을, 원자력이 27%, 신재생에너지가 5%를 차지합니다.
신재생에너지라는 것은 화석연료처럼 한 번 사용하면 소모되는 에너지가 아니라, 자연에서 계속 생성되는 태양광이나 풍력, 조력, 지열, 식물 등을 에너지원으로 사용하는 것을 말합니다. 앞으로 신재생에너지의 비율을 계속 확대해나가야 하는 상황입니다.

화석연료나 원자력을 가지고는 어떻게 전기를 만드나요?

간단히 설명해볼게요. 전선을 둥글게 여러 바퀴 감아놓고 옆에 자석을 둡니다. 자석이 가만있으면 아무 일도 일어나지 않지만, 자석을 움직이면 그 순간 전선에 전류가 흐릅니다. 자석을 전선 가까이에 대는 순간과 빼는 순간 흐르는 전류의 방향이 달라지고, 자석을 가만히 두면 전류도 사라집니다. 전류를 계속 흘리고 싶으면 자석을 계속 움직여야 합니다.

전선 코일 옆에 자석을 가까이 댔다 뺐다 하면 전류가 흐른다고요? 그럼 휴대전화 충전기가 없어도 전선과 자석만 있으면 충전을 할 수 있다는 거네요?

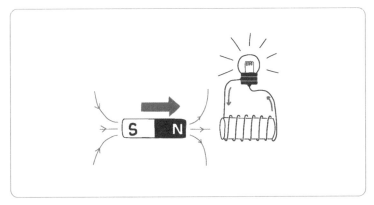

전기 만들기 전선 코일 옆에서 자석을 움직이면 전선에 전류가 흐른다.

원리적으로는 맞지만, 휴대전화 충전에 필요한 5V 정도의 전압을 얻기는 쉽지 않습니다. 이 정도의 전압을 얻으려면 전선을 수백 바퀴 이상 감아야 하고, 자석의 힘도 아주 세고, 자석을 움직이는 속도도 빨라야 합니다. 게다가 이런 식으로 만들어진 전류는 방향이 계속 바뀌는 교류(AC)인 반면, 휴대전화를 충전하려면 전류가 한 방향으로만 흐르는 직류(DC)가 필요합니다.

집에 있는 콘센트에서는 220V 교류가 나오는 걸로 아는데, 맞나요?

그렇습니다. 하지만 대부분의 전자제품은 직류로 작동하기 때문에 제품 내부 회로나 어댑터를 사용해 220V 교류를 적당한 전압의 직류로 바꿔줍니다.

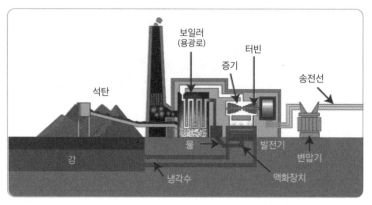

화력발전소

어댑터를 그런 목적으로 사용하는 것이었군요. 아까 5V를 만드는 것도 쉽지 않다고 했는데, 220V를 만들려면 발전 장치가 엄청나겠어요.

이쯤에서 화력발전소의 내부에 대해 잠깐 살펴볼까요?

석탄을 채취한 후 이를 보일러로 보내 물을 끓이면 물이 증기가 되어 팽창하면서 선풍기 날개처럼 생긴 터빈을 돌립니다. 이 터빈에는 자석과 코일로 만들어진 발전기가 연결되어 있어서 전기가 만들어집니다. 증기를 공중으로 배출하는 대신 다시 식혀서 액체 상태인 물로 바꾸고, 이를 다시 보일러로 보내서 순환시킵니다. 그리고 이 뜨거운 증기를 식히기 위해서는 근처의 바다나 강에 있는 시원한 물을 끌어와서 냉각수로 사용해야 합니다.

화력발전소 근처의 강이나 바다는 다른 곳보다 더 따뜻하겠군요.

네. 대부분의 발전 방식은 터빈을 돌리는 것입니다. 떨어지는 물을 이용해서 터빈을 돌리면 수력발전, 바람의 힘을 이용해서 돌리면 풍력발전, 원자력에서 나오는 열을 이용해서 돌리면 원자력발전이 됩니다.

터빈을 돌리지 않고 발전을 하는 대표적인 예가 태양광발전입니다. 화력발전의 경우에는 화학에너지를 열로, 그 열을 터빈의 운동에너지로, 그리고 전기에너지로 바꾸기까지 여러 단계의 에너지 전환 과정을 거치는데, 태양광발전에서는 빛에너지가 직접 전자를 움직여서 전기에너지로 바꿉니다. 아직은 에너지 전환 효율이 그리 높지 않지만, 잘만 개발되면 상당히 효과적인 발전 방식이라고 할 수 있습니다.

잠깐만요. 아까 열에너지는 전기 같은 고급에너지로 바꿀 수 없다고 하셨잖아요.

그렇네요. 약간 정정해야겠습니다. 열에너지의 ' 일부' 를 전기에너지로 바꾸는 것은 가능합니다. 온도가 높은 열에너지일수록 변환 효율이 높아지구요.

에너지의 흐름을 다시 상기해볼까요? 지구에 비가 오고 개울이 흐르고, 꽃이 피고 바람이 불고, 새가 날고 사슴이 뛰어다니는 등 생기 있는 모든 활동이 태양에너지에 근거를 두고 있습니다. 태양이야말로 지구 에너지의 근원이죠.

하지만 그렇다고 해도 태양에너지를 직접 자신의 동력으로 사용할 수 있는 동물은 거의 없습니다. 우리가 태양을 쬐면 비타민 D가 합성되고 건강에 도움을 얻기는 하지만 배고픔을 해결해주지는 못합니다.

한편 태양에너지를 지구 전체가 사용할 수 있는 에너지로 전환하는 데 핵심적인 역할을 하는 것이 식물입니다. 식물은 광합성을 통해 자기 몸을 만들고, 그때 태양에너지를 화학에너지로 저장합니다. 그럼 그 식물을 먹는 동물이 화학에너지를 사용해서 활동할 수 있는 것이지요.

식물이 에너지 흐름의 징검다리 역할을 한다는 것이네요.

그렇습니다. 식물은 에너지의 흐름에 핵심적인 역할을 담당하고 있습니다. 식물이 하는 놀라운 일들이 더 있는데, 그것은 이 책의 끝부분에서 다시 이야기하도록 하겠습니다.

반면, 자연을 탐구하고 에너지의 흐름에 눈을 뜬 인간은 자연의 에너지를 가져다가 자신이 원하는 일들을 해내는데, 그 욕망은 끝이 보이지 않습니다. 인간은 태양과 식물이 함께 수십억 년에 걸쳐 땅속에 만들어놓은 화석연료를 고작 100년 동안 거의 다 파내고, 파내는 족족 태워 없애고 있거든요.

나무를 베고, 숲을 없애고, 강을 막고, 동물을 멸종시키고, 오염 물질을 뿜어내고, 지구의 온도를 이렇게 올려놓은 게 인간이라니, 부끄럽네요.

우리는 스스로 만물의 영장이라고 자부하지만, 지구의 다른 생명체가 본다면 지구라는 공동의 집을 망쳐놓은 괘씸한 존재에 지나지 않을 것입니다.

몇 년 전, 처음으로 헬스장에 가보았는데 이상한 느낌이 들었습니다. 많은 사람들이 러닝머신 위에서 뛰고 있는데, 귀에는 이어폰을 꽂고, 앞에 있는 커다란 모니터에서는 드라마가 방송되고 있더군요. 운동할 때조차 온갖 전기에너지를 소비하고 있는 모습이 순간 이상하게 다가왔습니다.

평소에 에너지를 좀 덜 쓰고, 계단으로 다니고, 몸을 더 많이 움직이면 해결될 일을, 낮에는 에너지를 써가며 엘리베이터와 차를 타고 다니고, 밤이 되면 운동이 부족하다면서 헬스장 가서 러닝머신을 뛰니 말입니다.

생각해보니 정말 아이러니하네요. 전기세나 휘발유 값을 지불했다고 해서 에너지를 마음대로 쓸 수 있는 건 아닌데. 우리가 사용하는 에너지가 어디에서 시작되어 무엇을 거쳐서 왔는지, 그리고 지구 생태계에 어떤 영향을 주는지 생각하며 사용해야겠어요.

정리를 해보자면, 인간이 사용하는 에너지의 원천을 찾아보면 그 대부분이 태양임을 알 수 있습니다. 그리고 인간과 다른 생물이 그 태양에너지를 이용할 수 있도록 식물이 다리 역할을 해줍니다.

안도현 시인의 시 중에 이런게 있죠? '연탄재 함부로 발로 차지 마라. 너는 누구에게 한 번이라도 뜨거운 사람이었느냐.' 이 시를 이렇게 바꿔봐도 되겠습니다.

'낙엽이라고 함부로 차지 마라. 우리는 한 번이라도 지구의 생명들을 위해 살아보았는가.'

4
원자력에너지

원자력발전에 대한 찬반 의견으로 시끄럽잖아요. 원자력을 갈수록 축소해야 한다는 주장과, 원자력만큼 깨끗한 에너지가 없다는 주장이 부딪히는 것 같아요.

일단 서로 의견을 제시하며 논쟁을 벌인다는 것은 좋은 현상입니다. 원자력 지속/중단 결정은 그만큼 중요하기 때문에 논쟁 자체를 거부하거나 불편하게 생각하지 않았으면 합니다. 다만 명확한 근거나 이유 없는 무조건적인 찬성이나 반대는 삼가야겠죠.

원자력이 무엇이고, 왜 위험하다고 하는지 간단히 알아볼까요?

자연에는 우라늄이라는 원자가 있습니다. 이 우라늄의 핵은 양성자 92개, 중성자 143개로 이루어져 있고, 그 핵 주위를 전자 92개가 돌고 있는 아주 큰 원자입니다. 일반적인 원자들의 핵은 아주 안정적이라 1년이 지나든 1000년이 지나든 아무 변화가 없는데, 우라늄 같은 원소는 그렇지 않습니다. 이들은 불안정하게 존재하고 있다가 가끔 둘로 쪼개지면서 더 안정적인 원소인 바륨과 크립톤으로 바뀝니다.

원자가 스스로 쪼개지기도 하는군요.

바륨은 양성자 56개, 크립톤은 양성자 36개를 갖습니다. 그리고 여분의 중성자 3개가 아주 큰 에너지를 가지고 엄청난 속도로 튀어나옵니다. 이때 방출되는 에너지가 3×10^{-11} J입니다.

말도 안 되게 작은 에너지 아닌가요?

한 원자에서 발생하는 에너지는 아주 작지만 주먹만 한 우라늄 덩어리 안에는 10^{23}개 정도의 원자가 존재하니까, 만약에 이들이 동시에 붕괴하면 엄청난 에너지가 됩니다.
하나의 우라늄 붕괴에서 발생한 중성자들이 날아다니다가 두 번째 우라늄 원자와 충돌할 수도 있습니다. 두 번째 우라늄 원자는 아직 분열할 타이밍이 아니었지만, 갑자기 날아온 이 중성자에 의해 분열이 시작됩니다. 여기서 생성된 3개의 중성자가 또 다른 우라늄 원자를 건드리고, 이렇게 연쇄반응이 발생합니다.

초의 연소에서 일어나는 연쇄반응과 비슷하네요.

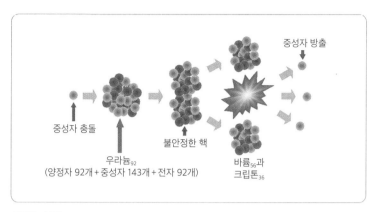

중성자 방출

중성자 충돌

우라늄₉₂
(양정자 92개 + 중성자 143개 + 전자 92개)

불안정한 핵

바륨₅₆과
크립톤₃₆

우라늄 붕괴

이 첫 붕괴 사건이 얼마나 큰 사건으로 확대되는가는 초기의 우라늄 밀도에 달려 있습니다. 우라늄의 밀도가 충분치 않으면 두세 번의 연쇄반응으로 끝나지만, 고농축 우라늄의 경우에는 모든 우라늄이 동시에 붕괴하는 핵폭탄이 되는 것이지요. 핵폭탄은 중심 온도가 1억 도까지 올라갑니다.

과거에 사람들이 주로 사용해온 것은 화학에너지, 즉 분자끼리의 결합 방식에 따른 에너지 변화 또는 원자 주위의 전자 배치에 따른 에너지 변화였습니다. 그런데 전자가 아닌 핵의 배치가 바뀌면서 에너지가 방출될 수 있음을 알게 된 것입니다.

이것은 실로 엄청난 발견이었죠. 자연에 존재하는 우라늄 등의 방사성 원소를 찾아서 농축하기만 하면 인류는 앞으로 에너지 걱정을 할 필요가 없을 테니까요. 게다가 이산화탄소나 매연이 생기지도 않으니 가히 꿈의 에너지로 여길 만했습니다.

그렇다면 뭐가 문제죠?

발전 방식에 대해 먼저 설명을 해야겠네요. 원자력발전도 다른 발전과 똑같이 결국 방사성 붕괴에서 나오는 열로 물을 끓인 다음 그 증기로 터빈을 돌려서 전기를 생산합니다. 핵폭탄처럼 폭발하지 않도록 하기 위해선 그 붕괴 속도를 조절해야 합니다.

그건 우라늄의 밀도에 달렸다고 하셨잖아요.

네. 우라늄의 밀도 자체를 바꾸기는 어려우니까 그 대신 우라늄을 빼빼로 같은 봉 형태로 여러 개 만들고, 그 봉들 사이에 흡수체를 삽입해주는 겁니다. 흡수체를 깊이 삽입하면 봉들 사이를 오가는 중성자를 차단해서 연쇄반응을 덜 일으키고, 흡수체를 빼면 반응이 활발해지는 거죠. 그리고 화력발전과 마찬가지로 증기를 냉각시키기 위해서는 엄청난 양의 찬물이 필요하므로 핵발전소 역시 바닷가 옆에 위치합니다.

그래서 우리나라 핵발전소들은 다 바다 근처에 있군요.

핵반응 제어와 관련된 모든 시설이 전기로 제어되기 때문에 전기를 안정적으로 공급받는 게 중요합니다. 후쿠시마 원전의 경우에는 쓰나미에 의해서 전력 공급이 차단되고, 거기서 대형사고가 일어났거든요.

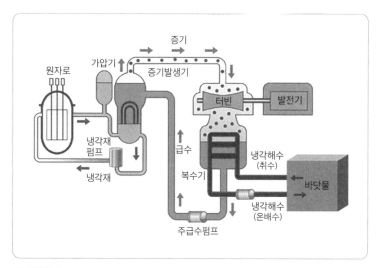

원자력발전소

다른 발전소가 소를 부려서 일을 시키는 것이라면, 원자력발전소는
사자를 데리고 일하는 것과 비슷한가 봐요.

그렇죠. 발전소의 운영과 관리에 특별한 주의가 요구되는 것 말고
도 위험 요소는 또 있습니다. 핵폐기물이라는 부작용이죠.
연료봉에 포함되어 있던 우라늄의 대부분이 붕괴되고 나면 더 이
상 발전 용도로는 쓸 수 없게 되어 폐기해야 하지만, 그 안에는 여전
히 아직 붕괴되지 않은 일부 우라늄이 남아 있어서 방사선을 계속
방출합니다. 이런 물질을 '고준위 핵폐기물'이라고 합니다.

방사선이 아까 말한 빠른 속도로 튀어나오는 중성자를 가리키는

건가요?

우라늄의 경우에는 주로 중성자를 방출하지만, 방사능 물질에 따라서 양성자와 중성자의 결합체인 알파입자(알파선)나 전자(베타선), 또는 파장이 아주 짧은 전자파(감마선)를 방출하기도 합니다. 이들이 신체를 통과하면서 세포의 주요 기관과 분자들에 충격을 가하기도 하고, 세포핵 속의 DNA를 망가뜨려서 세포가 비정상적으로 작동하도록 만들기도 합니다.

그럼 방사선 입자를 한 개만 맞아도 치명적일 수 있겠네요?

그렇진 않습니다. 우리 몸 안에는 마치 컴퓨터 백신 프로그램처럼 DNA의 오류를 찾아서 수정하는 기능이 있거든요. 하지만 강한 방사선에 노출되어서 짧은 시간 동안 여러 곳에 DNA 오류가 생겨나면 온전한 복구가 불가능해집니다.

옷을 두껍게 입고 있어도 몸 안으로 침투할까요?

네. 옷과 같은 섬유는 대부분이 공기구멍으로 되어 있어서 거의 도움이 안 됩니다. 방사선의 일종인 X-ray와 유사하게 뼈에서만 일부 차단될 뿐 피부나 근육도 그냥 통과해서 지나갈 정도입니다. 납이나 콘크리트로 만든 두꺼운 벽이 있어야만 막을 수 있습니다.

익숙한 것들의 마법, 물리 1

그럼 핵폐기물은 어떻게 처리하나요?

고준위 핵폐기물은 붕소를 함유한 물에 깊이 담가두어, 거기서 나오는 방사선을 흡수하도록 해야 합니다. 그 외에 발전소에 사용된 기계 부품이라든지, 사람들이 사용한 장갑, 옷 등도 위험 물질로 분류하여 따로 보관해야 하는데, 예를 들어 땅속 깊은 곳에 묻음으로써 거기서 나오는 방사선이 사람이나 동물에게 직접 피해를 입히지 않도록 합니다. 이들은 오랜 시간이 흘러 방사선 붕괴가 다 이루어지고 난 뒤에야 비로소 안전해집니다.

안전해지는 데까지 시간이 얼마나 걸리는데요?

방사능 원자마다 다른데, 세슘의 경우는 30년이 지나면 처음에 있었던 원자들 중 절반이 붕괴합니다.

그럼 60년이 지나면 모두 붕괴하겠네요?

아닙니다. 다시 30년이 지나면 다시 나머지의 절반이 붕괴하고 처음 원자들의 25%가 남습니다. 이렇게 30년마다 절반이 남기 때문에 반감기를 30년이라고 부르는데, 반감기가 10번 지나더라도 여전히 0.1%가 남아 있습니다.

얼마나 기다려야 충분히 안전하다고 말할 수 있을지 애매하군요.

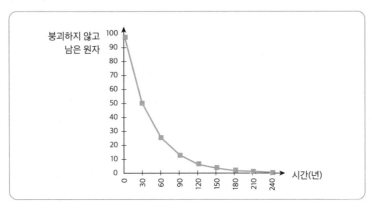

세슘의 붕괴 세슘은 30년이 지날 때마다 남은 양의 절반이 붕괴한다.

그렇죠. 반감기는 방사성 물질마다 차이가 커서, 요오드처럼 며칠만에 절반이 붕괴하는 것도 있고, 우라늄처럼 수억 년이 넘는 것도 있습니다.

반감기가 짧은 게 덜 위험한가요?

반감기가 짧으면 초반에 강한 방사선이 나와 위험하지만 시간이 조금만 흐르면 금세 안전해진다는 장점이 있습니다. 반면 반감기가 길어 아주 천천히 붕괴하면 그만큼 방사선도 조금씩 나와 덜 위험하죠. 가장 골치 아픈 것은 적당히 느리게, 수십 년 정도의 반감기를 가지고 붕괴하는 물질들입니다. 수만 년 이상 안전한 곳에 보관을 해야 하는 경우도 생기니까요.
보관할 폐기물이 계속 늘어나니 각 나라들이 폐기물을 처리할 장소

익숙한 것들의 마법, 물리 1

를 찾느라 힘들어집니다. 땅속 깊이 보관하는 것이 가장 일반적이긴 하지만, 지진이나 테러에 의해 지상에 노출될 위험이 항상 존재합니다.

우리나라는 국토 면적 대비 원자력 밀집도가 가장 높은 나라라서 특히 주의가 필요합니다. 원자력발전은 다른 발전 방식에 비해 전기 생산 비용이 적게 들고 편리하지만, 결국 후손에게 핵폐기물이라는 위험을 떠넘기는 일입니다.

오늘 하루 편하게 살고자 빚을 내고, 죽을 때 그 빚을 자식에게 물려주는 것과 비슷하네요. 그럼 전 원자력발전에 반대하겠습니다.

반대 의견은 좋은데, 그렇다면 그 부족분을 어떻게 메울지 대안을 함께 제시해야 합니다.

원자력발전보다는 화력이나 수력발전의 피해 충격이 덜하긴 하지만, 과도하게 사용할 경우 지구온난화와 미세먼지, 생태계 파괴를 일으키기 때문에 근본적인 해결책은 아닙니다. 결국 신재생에너지로 전환해야 하는데, 아직은 효율이 낮고 비용이 많이 들어서 대체되는 데 오랜 시간이 걸릴 거예요.

그럼 이러지도 저러지도 못하는 것 아닌가요?

현재의 에너지 소비 방식에 대해 재고해야 할 때라고 생각합니다. 해가 거듭될수록 사람들의 전력 소비량은 늘어만 가는데, 지구에서 그만한 에너지를 만들어내는 것은 무리입니다. 어떤 방식으로든 부작용이 생길 수밖에 없지요.

발전 방식을 고민하는 것만으론 부족하단 말씀이군요. 과연 에너지를 적게 쓰고 살아가는 삶이 가능할지 모르겠어요.

5
적정기술

《작은 것이 아름답다》라는 책을 소개하고 싶습니다. 작가는 독일의 경제학자 에른스트 슈마허(Ernst Schumacher)로, 앞으로 인간의 기술 발전이 어떠한 방향을 지향해야 하는지 고민한 내용을 담고 있습니다.

지구상 가난한 나라들은 잘사는 나라를 만들려고 애써왔습니다. 어떻게 사는 게 잘사는 것인지 사람들에게 물어보면 다양한 대답이 나오겠지만, 한마디로 말하자면 '미국처럼 살고 싶다'와 크게 다르지 않습니다.

집집마다 자가용이 있고, 일주일에 한 번 이상 육식을 하고, 마트에서 온갖 생필품을 살 수 있고, 냉난방에다 온갖 전자제품으로 무장하고 넓은 마당을 갖춘 집, 일 년에 한 달 정도 휴가를 다녀오고, 노후엔 연금을 타서 편하게 살 수 있는 삶을 꿈꿉니다.

하지만 저자 슈마허는 그것이 불가능하다고 말합니다. 지구상 모든 인구가 미국 사람들처럼 자원을 소비하고 쓰레기를 배출한다고 가정하면 간단히 계산만 해보아도 지구가 그것을 감당할 수 없다는 것이 자명하다는 것입니다.

슈마허는 인류의 일부가 잠깐 누릴 수 있는 사치 대신, 모든 인류가 지속적으로 행복하게 살기 위해 뭐가 필요한지 이 책에서 제시합니다. 그는 많은 자원을 소모하는 복잡한 기술, 막대한 자본과 설비가 필요한 대량생산 체제를 벗어나, 적당한 규모의 생산 체제를 활용할 것을 제안합니다. 이를 대안기술 또는 적정기술이라고 합니다.

후대가 두고두고 사용할 수 있는 지속 가능한 에너지를 얻으려면, 역시 가장 중요한 에너지 원천인 태양에 주목해야 합니다. 태양은 매초당 3.8×10^{26} J의 에너지를 뿜어내는데, 이 엄청난 에너지를 만들어내는 방식이 바로 핵융합입니다. 수소 핵 2개가 만나 헬륨이 되면서 에너지를 방출하는 방식이지요.

태양의 복사에너지는 온 우주로 흩어지다가 그중 극히 일부만이 지구 표면에 도달하는데, 1㎡, 즉 신문지 두 장 정도의 면적에 도달하는 에너지가 1375W로, 이는 전기난로를 하나씩 가동할 수 있는 수준입니다. 인류가 현재 사용하는 에너지의 만 배에 해당합니다.

지구에 도달하는 태양에너지의 만 분의 일만 사용할 수 있으면 된다는 거네요. 그럼 집집마다 그리고 산기슭마다 태양전지판을 설치

어느 정도 도움이 되겠지만 본질적인 대안이라고 하기는 어렵습니다. 태양전지는 반도체 공정을 통해 만들어지는데, 그 과정에서 사용되는 화학물질과 에너지가 상당합니다. 그리고 태양전지판 아래에는 식물들이 자랄 수 없어 생태계에 좋지 않은 영향을 미칩니다. 게다가 설치할 만한 장소도 건물의 옥상 정도에 국한되죠.

그럼 태양광발전보다 더 자연 친화적인 방법은 뭘까요?

대안기술, 적정기술이 그런 방법을 모색합니다. 제가 몇 년 전 경남 산청의 민들레 마을에 방문한 적이 있습니다. 이곳은 남다른 뜻을 가진 주민들이 모여서 모든 재산을 공유하고 농사를 지으면서 살아가는 공동체인데요, 이분들은 대안기술에 많은 관심을 갖고 있었고, 마을 안에 대안기술을 연구하는 센터도 있었습니다.
특히 집집마다 마당에 큰 오목거울이 설치된 것이 인상적이었습니다. 거울 면이 포물선($y=x^2$ 그래프를 떠올려보세요) 형태를 갖게 되면 나란히 들어오는 태양 빛이 거울에 반사된 뒤 한 점에 모이게 되는데, 이 빛이 모이는 지점에 냄비를 올려놓으면 물을 끓이거나 간단한 요리를 할 수 있습니다.

태양에너지를 직접 열에너지로 전환하는 장치로군요. 재밌네요. 그런데 빛을 모을 때 보통 볼록렌즈를 사용하지 않나요?

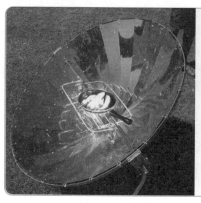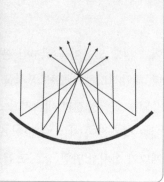

포물면 거울을 이용한 태양열 조리기구

맞습니다. 하지만 커다란 볼록렌즈를 만들려면 무겁고 비용도 많이 듭니다. 반면 오목거울은 오목한 그릇에 은박지만 씌워도 쉽게 만들어지죠. 또 그곳 집의 벽은 흙과 볏짚을 이용해 만들어 공기가 통하고, 지붕엔 풀을 심어서 여름엔 시원하고 겨울엔 따뜻합니다.

식물이 햇빛을 흡수하니까요. 좋은 방법인데요.

또 있습니다. 집 지붕 위에 검은 굴뚝 같은 게 몇 개 보이는데, 이는 벽난로의 굴뚝이 아니라 일종의 냉방장치입니다. 한여름의 뙤약볕이 금속으로 된 검은 굴뚝을 달구면, 굴뚝 내부의 공기가 위로 올라갑니다.

그럼 방 안의 공기 압력이 줄어드니까 대신 창문이나 문틈으로 공

익숙한 것들의 마법, 물리 1

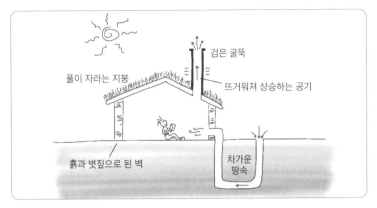

자연 냉방

기가 들어가겠네요.

네. 굴뚝이 일종의 무동력 환풍기인 셈이죠. 또한 방 벽에는 구멍이 뚫려 있는데, 그 구멍이 땅속 관을 지나 바깥으로 연결되어 있습니다. 즉, 외부 공기가 땅속에 묻힌 관을 지나서 방 안으로 들어가게 되는데, 이때 외부 공기가 식은 상태로 방 안으로 들어갑니다.

맞아요. 한여름에도 지하실이나 동굴은 아주 시원하잖아요. 이렇게 하면 전기를 하나도 쓰지 않고도 시원한 바람을 만들어낼 수 있겠네요.

이렇게 자연의 성질을 잘 활용하는 모습을 보고 깊은 감명을 받았습니다. 복잡한 전기 장치를 만들어 쓰는 것보다 훨씬 더 효과적이고 지혜롭지요.

취지는 좋은데, 얼마나 실용적일지는 미지수네요. 도시에 사는 대부분의 사람들은 저런 태양열 조리기를 쓰거나 까만 굴뚝을 설치할 수가 없잖아요.

맞습니다. 우리나라의 경우에는 농촌이나 전원주택에 사는 사람들에게나 해당되는 기술이죠. 하지만 개발도상국 같은 경우에는 이런 기술이 큰 파급효과를 가져옵니다. 그들에게 선진국이 갖고 있는 가스, 전기, 수도 시설을 모두 보급하려면 천문학적인 액수가 들고, 그것을 관리할 인력도 부족할뿐더러 결국 우리처럼 자연을 파괴하는 수순을 밟게 됩니다. 오히려 그들의 자연 조건과 문화에 맞는, 자연 친화적인 기술을 개발하도록 돕는 것이 더 적절하죠.

그래서 '적정'기술이군요.

일례로 지구 인구 가운데 상당수는 하루에 마실 물을 구하는 것이 중요한 일과입니다. 아이들과 여자들이 무거운 물통을 메고 몇 시간씩 걸어갔다 와야 하죠.

우리가 쓰는 정수기를 가져다주면 안 되나요?

모두 전기로 작동하는 데다 정수 필터를 계속 교체하는 비용이 너

휴대용 정수기(Life Straw)와 간이 냉장고

무 많이 듭니다. 그래서 개발된 것이 '라이프 스트로'(Life Straw) 라는 휴대용 정수기입니다. 피리만 한 휴대용 관으로, 내부의 필터 는 모두 현지에서 얻을 수 있는 자갈과 흙, 잎으로 구성됩니다. 우리 가 보기엔 정수 기능이 미흡하지만 그들에게는 충분합니다. 스스 로 필터를 만들어서 사용하니 기술 자립도 유도할 수 있고요.

또 있나요?

냉장고 대신 토기 화분 주위를 흙으로 두르고, 흙에 물을 뿌려 토 기 내부를 시원하게 만드는 기술도 소개되었습니다. 종이를 접어서 만드는 책상도 있고요. 지금도 지속적으로 개발되고 있습니다.

과학기술이라고 하면 비싸고 복잡한 것만 떠오르는데, 이런 단순하고도 의미 있는 기술이 있다니 기분이 좋아지네요.

도시에 사는 우리들이 사용할 수 있는 적정기술도 있습니다.

뭘까요? 궁금해요.

우선, 빨래를 말릴 때 전기 건조기를 쓰는 대신 햇볕에 내다 말리는 것이 가장 기본이라고 할 수 있겠죠. 옷뿐만 아니라 우리 몸과 지구에도 좋은 일이니까요. 그리고 아파트나 건물의 맨 꼭대기 층은 여름에 늘 찜통처럼 되는 것 아시죠?

지붕에 내리쬐는 직사광선을 흡수해서 그렇잖아요. 그래서 건물 옥상에 화단을 조성하는 캠페인도 있었고요.

그렇죠. 옥상 화단은 훌륭한 적정기술의 대표적인 사례입니다. 그렇게 할 수 있는 여건이 안 되는 경우에는 옥상을 하얗게 칠하는 방법도 있습니다.

태양광을 다시 하늘로 반사시킬 수 있겠군요.

네. 일반 흰 페인트만 칠해도 꽤 효과적이라고 합니다. 좀 더 체계적인 연구 가운데는 건물의 복사열이 지구 대기를 무사히 빠져나가 우주로 흩어지도록 지구의 대기가 흡수하지 않는 특별한 파장대를

'십년후연구소'가 추진하고 보급하는 하얀 옥상(왼쪽)과 은하수 공기청정기(오른쪽)

선택해서 열을 복사하는 기술도 있습니다.

한번 발라놓으면 계속 효과를 발휘하니, 경제적이고도 친환경적이 겠어요.

저는 최근에 '십년후연구소'라는 곳에서 개발한 공기청정기를 구입했는데, 아주 맘에 들었습니다. 일반 공기청정기는 센서와 디스플레이, 각종 전자장치를 달고, 가격은 수십만 원을 호가하는 반면, 이 제품은 상용 필터와 거기에 바람을 불어넣는 컴퓨터용 팬, 이 두가지로만 이루어져 있어 필터 가격 외엔 추가 비용이 들지 않습니다.

다른 기능은 없어도 되나요?

네. 센서로 공기의 질을 매번 측정해서 세기를 조절하거나 원하는 시간을 예약하느니, 그냥 그 전기로 하루 종일 팬을 켜는 게 오히려 더 낫습니다. 고급 플라스틱으로 멋을 낸 청정기의 외관도 사실 기능과는 무관하니 생산 과정에서 오히려 쓰레기와 미세먼지만 만들어내는 셈이죠.

이 회사는 제품을 담는 상자도 최소한의 종이를 사용하고, 심지어 원하면 그 상자를 개조해서 청정기 케이스를 만들어도 된다고 안내하고 있습니다.

우리에겐 생각의 전환이 필요하군요.

그렇습니다. 당연하게 사용되고 소비되어왔던 것들에 대해 재고할 필요가 있습니다. 지금까지는 경제와 기술의 발전이 많은 물건을 소유하고 에너지를 소비하는 방향으로 이루어져왔고, 또 그런 나라를 잘사는 나라라고 부르며 부러워했죠.

하지만 앞으로는 에너지를 덜 사용하고 쓰레기와 탄소를 적게 배출하는 것이 발전되고 세련된 생활방식이며, 지구 환경에 부담을 덜 주는 나라가 선진국이라는 인식을 가져야 합니다.

많은 사람들이 자가용을 살 때 너무 작은 차는 남 보기에 부끄럽다는 생각을 하잖아요. 하지만 석유를 많이 태우는 큰 자가용을 타고 다니는 것을 미안해하고, 작은 차나 대중교통을 이용하는 것을 자랑스러워하는 게 맞겠어요.

석정기술의 선구자 중 한 사람이 간디입니다. 그는 인도 국민늘에게 물레 돌리는 법을 보급함으로써 스스로 옷을 짓게 하고 대량생산 체제에 속박되지 않으며 자유롭게 살아가는 삶을 살아가도록 도왔습니다. 이 장은 그가 한 말로 마무리하는 게 좋겠네요.

자기 먹을 빵을 손수 마련해 먹을 때, 우리는 창조하는 노동의 기쁨을 알게 된다. 진정한 삶의 가치가 거기에 있다.

– 마하트마 간디

정리

1. 1kcal(킬로칼로리)는 _____J에 해당하는 에너지다. 즉, 물의 온도를 1
   도 높이는 데 필요한 에너지는 그 물을 _____m 높이로 끌어올리는
   에너지와 같다.

2. 에너지는 다양한 형태로 변환된다. 화학에너지나 전기에너지는 사용하
   기 편리하지만, _____ 에너지는 가장 활용이 어려운 에너지다.

3. 전선 코일 근처에서 _____을 움직이면 전기가 생성된다.

4. 원자력을 제외하면 인간이 사용하는 대부분의 에너지는 _____에서
   온다.

5. _____은 태양에너지를 다른 생물들이 쉽게 활용할 수 있도록 화
   학에너지로 바꿔준다.

6. 원자력에너지는 가장 적은 비용으로 얻을 수 있는 에너지이지만, 치명
   적인 사고의 위험이 존재하고 후대에까지 _____이라는 부담을
   안겨준다.

7. _____기술은 우리를 잠시 편리하게 해주는 기술과 달리, 오랜 시
   간 동안 지구 생태계와 공존하는 방법, 지속 가능한 발전을 모색한다.

---

1. 4200, 420 2. 열 3. 자석 4. 태양 5. 식물 6. 핵폐기물 7. 적정(대안, 중간)

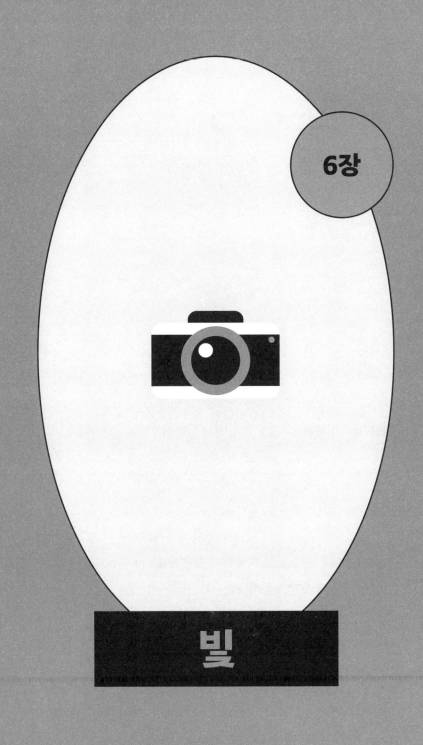

6장

빛

1
빛의 정체

세상의 모든 물질은 겨우 백여 가지의 원자로 구성되어 있고, 원자는 양성자, 중성자, 전자의 조합에 불과하다고 하셨잖아요. 신기해요.

그럼 빛은 어떨까요? 빛도 역시 원자들로 이루어져 있을까요?

빛은 그렇지 않을 것 같아요. 다른 물질들은 만져지는데, 빛은 전혀 느낌이 없잖아요.

그렇다면 빛은 무엇으로 이루어져 있을까요? 아주 오래전부터 사람들이 궁금해 했던 질문입니다.

그러고 보니 학교에서 빛을 '전자기파'라고 배운 것 같아요. 하지만

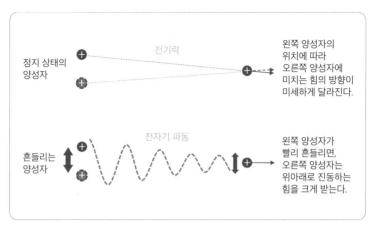

전자기 파동

전자기파가 무엇인지 정확히 모르니까 별로 와닿지 않았죠.

빛이 전자기파의 일종이라는 것은 맞습니다. 하지만 전자기파가 무엇인지 이해하는 것은 쉽지 않습니다. 빛은 생각보다 복잡하고 오묘한 존재거든요.

전자기파를 최대한 쉽게 설명해보겠습니다. 여기 (+) 전기를 띤 양성자 두 개가 있다고 해봅시다. 둘은 상당히 떨어져 있고 서로 밀어내는 성질을 갖고 있습니다.

위의 그림처럼 왼쪽 양성자가 약간 아래로 치우쳐 있으면 오른쪽 양성자는 비스듬하게 위쪽 방향으로 힘을 받습니다. 왼쪽 양성자의 위치가 조금 올라가면 오른쪽 양성자가 받는 힘의 방향은 아래쪽으로 미세하게 달라지고요.

두 경우 모두 왼쪽 양성자로부터 멀어지는 방향으로 힘을 받는다는 거죠? 다만 그 각도가 살짝 바뀔 뿐이고요.

맞습니다. 이제는 왼쪽 양성자를 위아래로 흔들어보겠습니다. 오른쪽 양성자 역시 위아래로 진동하는 힘을 받게 되는데, 진동의 속도가 빠르면 빠를수록 오른쪽으로 멀어지려는 힘보다 위아래로 진동하는 힘이 더 강하게 느껴집니다. 그래서 수직으로 진동하게 되는 것이죠.

오른쪽으로 멀어지는 힘은 그대로인데, 위아래로 향하는 힘만 세진다고요?

네. 탄력이 좋은 침대의 한쪽에 야구공을 올려놓고, 반대쪽에 사람이 앉아 있다고 해봅시다. 사람의 무게 때문에 공 아래의 침대 표면도 살짝 꺼지겠지만 그 효과가 미미하죠.
하지만 가만 앉아 있던 사람이 일어났다 앉았다를 빨리 반복하게 되면 침대의 표면은 위아래로 심하게 출렁이고, 공 역시 제자리에서 위아래로 진동하게 되겠죠.

일종의 파도를 만드는 거네요.

맞습니다. **양성자 하나가 진동하면 그 주변에 전자기 파도가 발생하고, 그 전자기 파도가 다른 양성자나 전자를 진동시킵니다.**

양성사가 아닌 선사는 어떤 방식으로 움직이는네요?

전자는 양성자와 반대 방향으로 힘을 받기 때문에 진동의 방향만 반대가 됩니다. 양성자가 올라갈 때 전자는 내려가는 식이죠.

여기까진 이해했습니다. 그런데 이 이야기에서 빛은 언제 등장하나요?

이런 전자기 파도를 과학에서는 '전자기파'라고 부르는데, **전자기파 중에서도 눈으로 볼 수 있는 영역의 전자기파가 빛입니다.**

호수 위에서 물장구를 쳐서 멀리 떨어져 있는 나뭇잎을 위아래로 출렁이게 만드는 것과 비슷하네요. 그 물결에 해당하는 것이 빛이란 말씀이죠?

네. 그런데 중요한 차이가 있습니다. 물결은 물 위에 나뭇잎이 있든 없든 '물 자체의 운동'으로서 존재하죠. 반면 전자기파(빛)는 흔들리는 그 '무엇'이 없습니다. 아무것도 없는 진공 중에서도 나아갈 수 있는 파동이니까요.

아무것도 없는 진공에서도 무언가가 진동하면서 나아간다고요?

네. 실제로 진동하는 것은 아무것도 없는데, 양성자나 전자를 만나면 이들을 흔들어댑니다. 마치 유령처럼요. 과학에서는 '전기장'과 '자기장'이 진동하고 있다고 표현하지만, 이들 '장'은 물리적 실체라기보다는 '가능성'에 가깝습니다.

뭔가 알 듯 말 듯 하네요. 빛을 이해하는 것이 이렇게 어려울 줄이야.

그렇습니다. 빛은 상당히 오묘합니다. 하지만 양성자나 전자를 움직일 수 있다는 면에서는 에너지임이 분명합니다. 3 J, 20 J처럼 그 양을 측정할 수도 있고요.

하지만 다른 에너지들과는 큰 차이가 있습니다. 공이 빠른 속도로 날아가고 있거나 스프링이 압축되어 있으면 그 안에 에너지가 담겨 있다고 말합니다. 그런데 **빛의 경우는 아무것도 없는 빈 공간에 에너지가 담겨 있고, 그 에너지가 끊임없이 이동하고 있습니다.**

말하자면, 숙주가 없이도 혼자 생존하며 돌아다니는 바이러스 같은 거네요.

하하, 좋은 비유네요. 그럼 좀 더 구체적으로, 우리에게 친숙한 휴대전화의 전자기파에 대해 이야기해볼까요?

방송국이나 기지국에서 여러분의 집 또는 휴대전화까지 전자파로 다양한 신호를 보내는 데 안테나를 사용합니다. 안테나는 단지 곧게 뻗은 전선인 셈인데, 그 안에서 전자가 위아래로 출렁이면서 전자파를 만들어냅니다. 이 전자파가 먼 거리를 진행하다가 다른

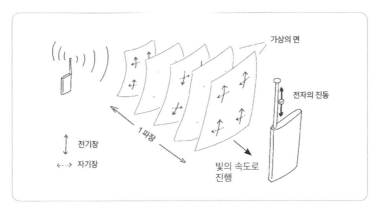

가상의 면

전자의 진동

전기장

자기장

1 파장

빛의 속도로
진행

휴대전화에서 나오는 전자기파의 진행

안테나를 만나면 그 안에 있는 전자들을 흔듭니다. 이것은 안테나와 연결된 회로의 전류 변화를 일으키고, 이 전류 변화를 통해서 원하는 정보를 얻습니다.

제 기억에 휴대전화 초기 모델에서는 안테나가 튀어나와 있거나 손으로 당겨 뽑을 수 있었죠. 그런데 요즘 스마트폰에는 왜 안테나가 없을까요?

안테나를 보이지 않게 내부에 넣어두었을 뿐 여전히 존재합니다. 그리고 하나의 안테나로 신호를 보내기도 하고 받기도 합니다. 휴대전화에서 나오는 전자기파를 그림으로 표현해보면 위의 그림과 같을 것입니다.

실선 화살표가 전기장이고, 점선 화살표가 자기장을 나타냅니다.

전기장은 (+) 전기를 띤 물체를 움직이는 방향을 나타냅니다. 예를 들어 여기 양성자가 하나 있다고 하면 처음에는 위로 힘을 받고, 조금 뒤에는 힘을 받지 않다가 곧 아래로 힘을 받습니다. 이 전자기파가 스윽 지나가는 동안 양성자는 위, 아래로 교대로 진동하게 됩니다.

그럼 자기장은 어떤 역할을 하나요?

만약 양성자 대신 자석이 있다고 하면 이 점선 자기장 방향으로 자석이 좌우로 흔들리게 됩니다. 하지만 전기장에 비해 자기장이 만드는 힘은 매우 약합니다.

똑같은 형태의 전기장/전기장이 반복되기까지의 길이를 파장이라고 하는데, 파장은 전자의 진동수(주파수), 즉 전자를 1초에 몇 번 흔드느냐에 따라 결정됩니다. 전자기파는 빛과 마찬가지로 1초에 30만km를 진행하는데, 만약 1초 동안 전자를 30번 흔들면, 그때 만들어진 파장은 30만km÷30=1000km입니다.

파장이 긴 전자기파는 오히려 만들기 쉽네요. 스마트폰에서 나오는 신호의 파장은 얼마인가요?

수십 센티미터 정도 수준입니다. 이 정도의 파장을 만들려면 전자를 대략 1초에 10억 번은 흔들어야 합니다.

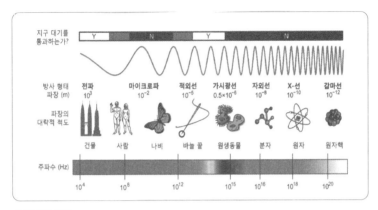

지구 대기를 통과하는가?   Y   N   Y   N

방사 형태	전파	마이크로파	적외선	가시광선	자외선	X-선	감마선
파장 (m)	10^3	10^{-2}	10^{-5}	$0.5×10^{-6}$	10^{-8}	10^{-10}	10^{-12}
파장의 대략적 척도	건물	사람	나비	바늘 끝	원생동물	분자	원자	원자핵

주파수 (Hz) 10^4 10^8 10^{12} 10^{15} 10^{16} 10^{18} 10^{20}

전자기파 종류

10억 번이라고요?

네. 휴대전화의 주파수 대역이 1.8GHz니, 2.6GHz니 하는 이야기
가 바로 그겁니다. 1GHz=10^9Hz이니까 1초에 10억 번입니다.
파장 또는 주파수 값에 따라 전자기파의 이름과 용도가 달라집니
다. 주파수가 수만Hz~수백만Hz인 경우는 파장이 수 미터에서 수
백 미터 정도 되는데, 이것이 통상적으로 TV나 라디오를 전송하는
공중파입니다. 전자레인지에 사용되는 마이크로파는 수cm, 가시
광선은 0.3에서 0.6μm의 파장을 갖습니다.

마이크로미터(μm)는 얼마나 작은 단위인가요?

밀리미터(mm)의 1000분의 1입니다. 사람의 머리카락 굵기가 대략

0.1밀리미터 또는 100마이크로미터이고, 보일듯 말듯 가느다란 거미줄의 굵기가 5마이크로미터 정도 됩니다. 그 거미줄의 10분의 1 정도가 빛의 파장이라고 상상하면 되겠습니다. 더 짧으면 자외선, 그리고 피부를 투과하는 X-선이 됩니다. 가장 짧은 전자기파는 방사성물질에서 나오는 감마선입니다.

이렇게 다양한 전자기파들은 파장만 다를 뿐 물리적 본질은 같습니다. 그리고 X-선처럼 파장이 짧을수록 투과력이 강하고, 파장이 길수록 잘 꺾이기 때문에 건물 뒤에 있으면 파장이 짧은 직사광선을 피할 수 있지만, 파장이 긴 라디오는 들을 수 있죠.

같은 전자기파인데 파장만 달리해서 다양하게 활용되는군요.

우리가 리모컨을 작동할 때, 휴대전화로 통화할 때, 모바일 데이터나 블루투스, 와이파이를 사용할 때도 모두 전자기파를 쓰는 것이기 때문에 신호 간에 구별이 필요합니다. 그래서 각 용도별로 주파수를 정해놓고 그 영역에서만 쓰도록 법적으로 규제하고 있죠.

만일 여러분이 재미 삼아 전자기파 발생 장치를 만들어서 공중에 신호를 뿌린다면, "그 주파수는 사용해서는 안 됩니다"라는 경고를 받을 수도 있습니다. 특정 주파수를 사용하려면 정식으로 등록해야 합니다. 이동통신사들도 정부에서 정해준 주파수 대역을 놓고 경매를 해서 사용하고 싶은 영역을 할당받은 것입니다.

아! 그래서 어떤 통신회사는 자신이 사용하는 주파수 대역이 넓다고 홍보하더라고요.

네. 넓은 대역을 확보하고 있어야 더 많은 고객에게 시간당 더 많은 데이터를 보낼 수 있거든요.

마지막으로 우리에게 익숙한 전자레인지를 예로 들어 설명해볼까 합니다. 혹시 궁금한 게 있나요?

다른 전자기파는 음식을 데우지 못하잖아요. 전자레인지는 어떤 전자기파를 사용하기에 음식을 뜨겁게 만드나요?

사실 모든 전자기파는 기본적으로 전자와 양성자를 진동시키기 때문에 열을 발생시키는 경향이 있습니다. 다만 효율이 문제죠. 전자레인지의 주파수는 2.45GHz로 고정되어 있고, 파장을 계산해보면 12.2cm입니다. 이 파장이 마이크로파의 영역이라서 전자레인지를 다른 말로 마이크로웨이브 오븐(microwave oven)이라고도 부릅니다.

이 주파수를 선택한 이유는 대부분의 음식물에 공통으로 포함된 것이 물이고, 이 물 분자를 진동시키는 데 적합한 주파수이기 때문입니다. 전자기파가 물 분자를 만나면 어떤 일이 일어날지 상상해보세요. (+) 전기를 띠고 있는 수소와 (-) 전기를 띠고 있는 산소를 반대 방향으로 미니까 물 분자를 회전시키거나 진동하도록 만들겠죠?

물 분자가 이렇게 요동치면 근처의 음식물 분자 또한 같이 흔들리

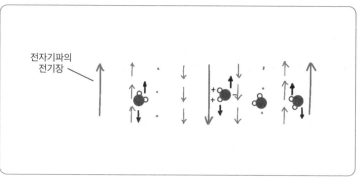

전자기파의
전기장

물 분자 진동

게 되고, 이것이 온도를 높입니다. 얼음의 경우에는 물 분자가 액체 상태와 달리 잘 진동하지 않고, 따라서 언 음식을 데우는 데는 전자레인지가 그리 효과적이지 않습니다.

그래서 해동하는 데 시간이 오래 걸리는군요. 그럼 수분이 없는 음식물은 못 데우나요?

네. 비스킷이나 말린 음식은 잘 데워지지 않습니다. 컵도 마찬가지고요.

전자레인지에 돌리고 나면 컵도 아주 뜨거워지던데요?

그건 컵 안의 음료가 데워진 후 그 열이 전달된 것이죠. 컵만 넣으면 잘 데워지지 않습니다. 하지만 컵만 넣고 전자레인지를 가동하는

익숙한 것들의 마법, 물리 1

것은 위험해요.

왜 위험한가요?

전자레인지 내부에서 전자기파를 마구 쏘아대는데, 그 전자기파를 흡수할 음식물이 없으면 내부의 전자기파는 점점 강해지기만 해서 다른 부품을 고장 내거나, 빈틈으로 새어나와 주변 물체에 열을 가할 수도 있습니다. 그러니 빈 컵을 실험하고 싶으면 옆에 물컵도 같이 두고서 비교하는 것이 좋습니다.

유념하겠습니다. 또 궁금한 게 있어요. 일반 가스오븐에는 없는 회전판이 전자레인지 안에는 왜 존재하나요?

잘 보셨어요. 전자레인지 내부를 이루는 금속판은 전자기파를 잘 반사합니다. 그래서 한쪽 벽을 맞고 돌아온 전자기파와 새로 만들어지는 전자기파가 겹쳐지면서 '정상파'라는 것을 만들어냅니다.

정상파라, 들어봤어요. 거문고처럼 줄 양쪽을 잡고 줄을 치면 생기는 그런 거잖아요.

맞습니다. 전자기파의 정상파에서는 어떤 곳은 전기장이 아주 세게 진동하고, 어떤 곳은 전기장이 0인 상태가 됩니다. 여기에 음식물을 놔두면 어떤 곳은 강하게 데워지고 어떤 곳은 전혀 데워지지

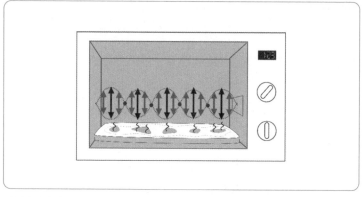

전자레인지 반파장 전자레인지 내부에는 전자기파가 강한 곳과 약한 곳이 교대로 존재한다.

않습니다. 회전판을 빼고 초콜릿을 여기저기 두어보면 특정 위치에서만 초콜릿이 녹는 것을 확인할 수 있습니다.

아, 그래서 회전판을 돌려서 음식이 골고루 데워질 수 있게 하는 거군요.

네. 전자레인지의 내부 길이든 높이든 폭이든 모두 반파장(6.1cm)의 정수배에 가깝게 되도록 만들어야 정상파가 잘 만들어지고, 이때 효율이 최대가 됩니다. 가정용 전자레인지의 내부 크기가 거의 일정한 이유가 여기 있습니다.

그래서 전자레인지 크기가 다 비슷했던 거군요. 그런데 전자레인지 유리문 안쪽엔 왜 철망이 씌워져 있나요?

익숙한 것들의 마법, 물리 1

내부의 마이크로파가 유리를 통과하기 때문에 전자레인지 근처에 있는 사람도 음식물과 마찬가지로 신체 일부의 온도가 갑자기 올라갈 수 있어 위험합니다. 그래서 마이크로파는 반사하되, 가시광선은 통과하는 창문이 필요하게 된 것입니다.

철망은 약 1mm 직경의 구멍으로 되어 있는데, 파장이 10cm가 넘는 마이크로파의 입장에서는 막혀 있는 금속판과 다름없습니다. 그래서 거의 100% 반사하죠. 그러나 가시광선의 파장은 철망의 구멍보다 훨씬 더 작아서 투과할 수 있고, 따라서 내부를 들여다볼 수 있게 해줍니다.

철망이 없었다면 전자레인지를 들여다보고 있는 제 머리도 함께 익을 뻔했네요. 아까 강한 마이크로파를 사람이 직접 쐬면 위험하다고 했는데, 그럼 전자레인지를 끄자마자 문을 여는 것도 위험하겠네요. 아직 에너지가 남아 있을 테니까요.

일반적인 오븐의 열과 달리, 전자기파는 빛의 속도로 내부를 왕복하며 흡수되기 때문에 전자레인지 작동이 멈추면 0.1초도 안 되는 순간에 거의 사라진다고 볼 수 있습니다. 전등을 끄자마자 방문을 열었다고 해서 그 방 안의 빛이 남아 있는 경우는 없잖아요. 다만 문이 열린 채로 가동이 되면 위험하기 때문에, 전자레인지는 문이 열리자마자 가동이 중단되는 안전장치를 함께 갖추고 있습니다.

오호, 전자레인지에 많은 물리적 원리가 숨어 있었군요.

2
빛 만들기

우리가 지금 바로 전자기파를 만들 수 있을까요?

가능합니다. 유리구슬을 천에 문질러서 정전기를 띠게 한 다음 손으로 흔들면 약하게나마 전자기파가 나옵니다. 만약 이 구슬을 초당 10억 번 정도로 빨리 흔들 수 있으면 휴대전화로 전화를 거는 것도 가능할 겁니다.

- 전자기파를 만들려면?
  → **전자를 흔든다.**
- 휴대전화에서 사용하는 전자기파를 만들려면?
  → **전자를 초당 1,000,000,000번 흔든다.**
- 빛에 해당하는 파장의 전자기파를 만들려면?

익숙한 것들의 마법, 물리 1

→ 전자를 초당 100,000,000,000,000번 흔든다?

빛도 전자기파의 일종이라고 했으니, 눈에 보이는 빛도 만들 수 있나요?

가시광선의 주파수는 10^{14}Hz 정도 되니까 전자를 1초에 100조 번은 흔들어야 합니다. 전자를 초당 10억 번 진동시키는 것은 전기회로로 가능하지만, 전자를 초당 100조 번 흔들 수 있는 전자회로는 없습니다. 따라서 전자를 인위적으로 흔들어서 가시광선을 만드는 것은 불가능합니다.

그럼 촛불이나 전등은 어떻게 빛을 만드는 거죠?

가장 일반적인 방법은 원자의 전자궤도를 이용하는 것입니다. 열에 대해 공부할 때 설명했듯이, 전자는 한 궤도에서 다음 궤도로 올라갔다가 다시 원래 궤도로 내려올 때 특정한 파장의 빛을 방출합니다. 원자에 따라 전자궤도가 다 다르기 때문에 흡수 또는 방출하는 빛이 조금씩 다릅니다.
예를 들어, 수은 램프는 백색광을 내는 것처럼 보이지만 자세히 보면 몇 개의 특정한 색만을 방출하고 있고, 광고판의 네온사인은 네온 원자에서 나오는 빛 가운데 붉은색만 사용합니다.

촛불은 어떤 원자가 만드는 빛인가요? 탄소? 산소?

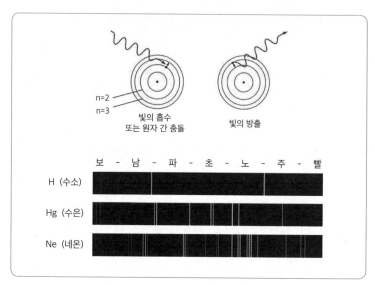

빛의 흡수 또는 방출 원자는 빛을 흡수하기도 하고 방출하기도 하는데, 흡수하고 방출하는 빛의 파장은 두 원자 궤도 사이의 에너지 차에 의해 결정된다.

촛불은 개별 원자보다는 원자들의 무리가 빛을 낸다고 할 수 있습니다. 파라핀 분자가 분해되는 과정에서 생긴 C-C 또는 C-H로 이루어진 원자단에는 두 원자에 동시에 걸쳐 있는 전자들이 존재하고, 이들이 아래 궤도로 이동하면서 빨강, 노랑, 초록 등 특정 파장의 빛을 내는데, 이것들이 다 합쳐져서 우리 눈에는 노르스름한 불빛으로 보이는 것입니다.

LED나 전구는 어떤 원자 또는 원자 무리에서 빛이 나오나요?

LED에서는 반도체 칩(조각) 전체가 원자 무리의 역할을 해서 특정

촛불, 전구, LED의 광원

한 원자 궤도를 만들어냅니다. 한 종류(n형)의 반도체에서 다른 종류(p형)의 반도체로 전자가 넘어가면서 전자의 에너지 궤도가 변하고, 이때 빛을 방출합니다.

백열전구에서는 뜨겁게 달구어진 필라멘트에서 빛이 나는데, 이때는 금속 원자들 전체가 원자 무리의 역할을 하지요.

잘 상상은 안 되는데, 어쨌든 전자가 높은 에너지 상태에서 더 낮은 에너지 상태로 옮겨가면서 빛을 내는 것이 공통적이군요.

네. 그게 핵심입니다.

'빛' 하면 떠오르는 게 레이저잖아요. 레이저에서는 어떻게 그렇게 밝고 가는 빛이 나오나요?

레이저는 확실히 특이해 보이죠. 세기도 강하고, 가느다랗게 뻗어 나가는 데다가 색도 선명합니다. 일반 빛을 아무리 다듬고 가공해도 레이저로 만드는 것은 불가능하고, 처음 태생 자체부터 달라야 합니다.

왠지 금수저 이야기 같네요.

돌멩이를 연못 아무 데나 막 던지면 불규칙한 마구잡이 파동이 만들어집니다. 하지만 연못 한 지점에서 일정한 시간 간격으로 손가락을 찍으면 아주 일정하고 깨끗한 파동을 만들 수 있습니다. 일반적인 빛이 마구잡이 파동이라면 레이저는 이런 순수한 파동에 해당합니다.

전자를 아주 규칙적으로 흔들면 레이저 빛이 나온다는 거네요.

네. 안테나에 있는 전자를 직접 흔들어서 전자기파를 만든다면, 이런 순수한 파동을 쉽게 만들 수 있습니다. 하지만 눈에 보이는 빛은 전자회로가 아니라 원자나 금속, 반도체 같은 데서 나오는 거라 전자가 흔들리는 타이밍을 우리 맘대로 조절할 수가 없습니다. 그래서 과거 사람들은 빛으로 이런 순수한 파동을 만드는 것 자체가 불가능하다고 생각했습니다.

요즘 사람들은요?

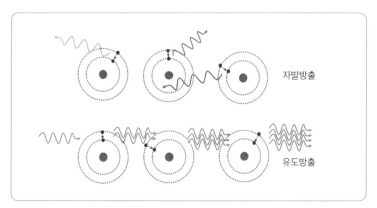

자발방출과 유도방출 레이저는 유도방출된 빛들로 이루어진다.

1917년 아인슈타인이 '유도방출'이라는 특이한 현상을 이론적으로 예측한 이후 과학자들이 이를 실험적으로 확인하게 됩니다.

여기 세 개의 원자가 있고, 각 전자들이 흥분 상태, 즉 높은 에너지 상태에 존재한다고 가정해보겠습니다. 이 전자들은 얼마 후에 스스로 낮은 궤도로 붕괴하면서 빛을 내는데, 각 원자가 붕괴하는 시점이나 방출하는 빛의 파장, 방향이 모두 무작위적입니다. 이를 '자발방출'이라고 부릅니다.

그런데 첫 번째 원자에서 방출된 빛이 우연히 두 번째 원자를 지나게 되었다고 합시다. 두 번째 원자는 아직 붕괴할 생각이 없었는데, 이 들어온 빛에 자극을 받아서 그 순간 함께 붕괴합니다. 놀랍게도 이때 방출된 빛의 파장이나 방향은 자극을 준 빛과 정확히 같게 됩니다. 이렇게 다른 빛에 의해 자극을 받아 빛을 방출하는 게 유도방출입니다.

친구따라 강남 간다더니 빛도 그런가 보네요.

그렇네요. 두 배로 세진 빛이 세 번째 원자를 자극해서 세 번째 빛을 만들어내고, 이렇게 유도방출이 반복되어 만들어진 빛을 레이저 광이라고 부릅니다.

그래서 레이저는 태생 자체가 다른 빛이로군요!

촛불이나 전구, LED에서 나오는 빛은 자발방출이 대부분이라 다양한 파장으로 이루어져 있고, 빛의 진행 방향이 제각각입니다. 반면에 **레이저는 단 하나의 파장으로 이루어져 있어서 특정한 색을 띠고, 서로 같은 방향을 향해 진행합니다.** 또 모든 파동들의 진동 타이밍이 일치해서 '**결이 잘 맞는다**'라고도 말합니다.

순수한 파동으로 이루어진 레이저는 일반 빛에 비해 어떤 장점이 있죠?

레이저를 사용하면 빛을 아주 작은 점으로 모으거나 나란히 정렬해서 가느다란 광선으로 만들 수 있습니다. 파장이 하나라서 특정한 원자만 자극하거나 길이, 시간 등을 정확하게 재는 것도 가능합니다. 빛을 정교하게 다룰 수 있는 거죠. 첨단과학뿐만 아니라 피부치료, 레이저 포인터, CD나 DVD 플레이어, 광마우스, 이런 데도 모두 레이저가 쓰이고 있습니다.

처음에 개발된 레이저는 책상 하나를 가득 채웠지만 지금은 손톱보다도 작게 만들 수 있죠. 제가 이 레이저를 동네 문구점에서 1000원에 샀다는 사실을 아인슈타인이 들으면 까무러칠 겁니다.

휴대전화 플래시에 빨간 셀로판지를 대면 레이저하고 비슷한 느낌이 들던데, 실제 레이저와 차이가 있을까요?

네. 가장 큰 차이 중 하나는 그 빛을 이루는 파장 성분입니다. 셀로판지를 통과한 빨강은 600nm에서 700nm의 파장이 골고루 섞여 있는 반면, 빨간 레이저는 633nm처럼 단 하나의 파장으로만 이루어져 있습니다. 눈으로는 구별이 힘들지만 말입니다.

빛을 프리즘에 통과시키면 스펙트럼이 나타나잖아요.

그렇습니다. 하지만 프리즘에서는 파장에 따라 꺾이는 정도가 크게 다르지 않아 비슷한 파장끼리의 구별이 쉽지 않습니다. '분해능이 낮다'라고도 말하죠. 프리즘보다 더 높은 분해능이 필요할 때 흔히 사용하는 것이 격자(grating)인데, 여기에는 빨래판처럼 일정한 간격으로 줄이 가 있습니다.

줄이 전혀 안 보이는데요?

1mm당 500개의 홈이 파여 있으니까 볼 수가 없죠. 격자에 빛을

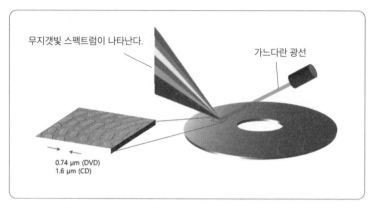

무지갯빛 스펙트럼이 나타난다.

가느다란 광선

0.74 μm (DVD)
1.6 μm (CD)

빛의 파장 분해 CD나 DVD는 일정한 간격으로 홈이 나 있어서 빛을 분해할 수 있다.

쏘면 파장에 따라 꺾이는 각도가 크게 달라집니다. 흰색 플래시를 쏘아보겠습니다.

정말 프리즘보다 훨씬 넓게 갈라지는걸요. 근데 자세히 보면 빨강, 초록, 파랑 이렇게 세 덩어리가 있는 것 같아요.

네. 이 플래시가 모든 색을 다 갖고 있는 것이 아니라, 세 가지 다른 색깔의 LED로 구성되어 있어서 그렇습니다. 빨간 셀로판지를 통과한 빛도 격자를 통과시켜보면 이렇게 덩어리로 나타납니다. 비슷한 여러 파장이 섞여 있다는 뜻이죠. 그럼 레이저는 어떻게 다른지 쏘아볼까요?

앗, 덩어리가 아니라 점 하나로 찍혀요.

네. 이것이 빛의 스펙트럼을 확인하기 위해 과학자들이 주로 사용하는 방법입니다. 집에 DVD나 CD가 있다면 격자 대신 사용할 수도 있습니다. 디스크에는 음악이나 데이터 정보가 일정한 트랙을 따라 새겨져 있는데 그 트랙이 격자 역할을 해줍니다. CD를 빛에 비추면 무지갯빛이 나타나는 것도 같은 이유고요.

CD는 간격이 약 $1.6\mu m$, 머리카락 굵기의 약 50분의 1 정도이고, DVD는 그 절반 정도 됩니다. 햇빛이 들어오는 곳에 작은 구멍을 내서 가느다란 빛을 만든 다음에 이렇게 CD나 DVD에 반사시키면 햇빛의 스펙트럼을 볼 수 있습니다. 다만, 이 트랙이 직선이 아니라 곡선이기 때문에 빛이 다소 휘어져서 보일 겁니다.

그렇군요! 집에 가서 해봐야겠어요.

3
색에 속다

선생님, 여기 빨간 장미꽃이 있잖아요. 그럼 이 꽃에서는 빨간빛이 나온다는 뜻인가요?

그런 셈인데, 이 꽃이 스스로 뿜어낸 빛이 아니라 햇빛이나 조명 등 외부에서 온 빨주노초파남보의 다양한 파장의 빛 가운데 많은 빛들이 꽃잎에 흡수되고, 주로 빨간색만 반사되어 나온 것입니다. 그래서 빨간빛 자체를 발하는 숯불이나 빨강 LED와는 차이가 있습니다.

그럼 검은 고양이는 검은빛을 내나요?

검은색 빛이란 없습니다. 빛이 없으면 검게 보이는 거죠. 즉, 검은 고양이는 자신에게 온 대부분의 빛을 흡수합니다. 반면, 모든 색의 빛을 다 반사하면 희게 보입니다.

흰색과 검은색은 일반 색과는 다르군요.

보통 흰색을 아무것도 섞이지 않은 순수한 색, 순진무구한 어린아이의 색이라고 말하곤 합니다. 하지만 사실 흰색은 모든 빛이 고루 섞여서 만들어지기 때문에 순수하다기보다는 온전한 색이라고 할 수 있습니다. 어린아이의 색이 아니라 오히려 지혜로운 노인의 색이지요.

그렇군요. 꽃과 잎, 줄기가 서로 다른 빛을 흡수 또는 방출해서 색이 달라진다고 하셨는데, 흡수/방출하는 파장이 달라지는 이유는 뭐죠?

식물의 각 부분을 이루는 분자구조가 다르고, 따라서 그 안에 존재하는 전자들의 상태가 다르기 때문입니다.

아, 원자들이 서로 다른 파장의 빛을 흡수/방출하는 것과 마찬가지군요. 모니터나 휴대전화는 다양한 색상의 빛을 내보내는데, 그만큼 다양한 종류의 물질을 내부에 갖고 있나요?

좋은 질문입니다. 모니터나 휴대전화는 보통 수만 가지에서 수백만 가지의 색상을 표현하는데, 각 색에 해당하는 물질이나 색소를 모두 갖추는 것은 불가능하죠.

프린터가 노랑, 빨강, 파랑 잉크만 가지고 다양한 색을 만들어내듯 빛도 세 가지 기본색을 섞어서 다른 빛들을 만들어냅니다. 예를 들어, 빨간빛이랑 초록빛을 벽에 겹쳐 쏘면 노란빛이 나오지요.

가시광선 스펙트럼을 살펴보면, 빨간빛의 파장은 650nm, 초록빛은 530nm, 노란빛은 570nm 정도 되는데, 그렇다면 서로 다른 두 개의 파장이 섞이면 중간 정도의 파장이 만들어진다는 뜻인가요?

그렇지는 않습니다. 빛의 파장은 전기장이 진동하는 주파수(또는 진동수)에 의해 결정되는데, 서로 다른 주파수를 섞는다고 해서 중간 주파수가 생기는 게 아니거든요. 피아노의 '도' 음과 '미' 음을 동시에 누른다고 '레' 음이 나오지 않는 것처럼 말입니다.

그럼 빨강과 초록빛이 만나 노란빛이 되는 것을 어떻게 설명하죠?

비밀은 눈이 빛을 인식하는 원리에 있습니다. 우리 눈은 수만 가지의 미묘한 색깔을 모두 구별해 내는데, 어떻게 그렇게 빛의 파장을 정교하게 구별하는 능력을 갖고 있을까요?

전에 말한 격자 같은 것이 눈 안에 들어있으면 가능할까요?

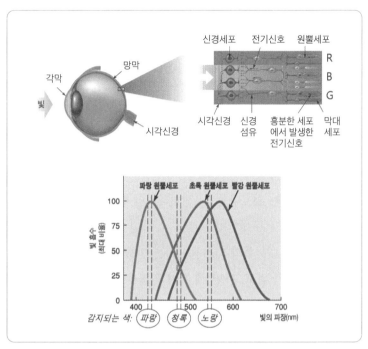

신경세포　전기신호　원뿔세포

각막

망막

빛

시각신경

시각신경　신경섬유　흥분한 세포에서 발생한 전기신호　막대세포

R B G

파랑 원뿔세포　초록 원뿔세포　빨강 원뿔세포

빛 흡수수
(최대 비율)

100

75

50

25

0

400　500　600　700

감지되는 색:　파랑　청록　노랑　빛의 파장(nm)

색의 인식

시각세포마다 색을 구별하려면 세포 수만큼 격자가 필요한데, 그것은 불가능하죠. 대신 시각세포는 밝고 어둠을 구별하는 막대세포와 빨강·초록·파랑(RGB) 빛에 반응하는 세 가지 원뿔세포를 갖고 있습니다. 막대세포는 망막 전체에 약 1억 개, 원뿔세포는 6백만 개에 이른다고 합니다.

RGB 세 가지 원뿔세포는 파장에 따라 반응하는 정도가 다릅니다. 예를 들어 490nm의 청록빛이 들어오면 B세포와 R세포는 이 빛을 흡수해서 각각 30에 해당하는 세기의 전기신호를 만들어내고, G

세포는 65세기의 전기신호를 만들어냅니다. 이 신호들이 뇌에 들어가면 뇌는 이 빛을 청록색이라고 판단하는 것입니다.

즉, 눈은 들어오는 빛의 파장을 직접 측정하는 대신, 세 가지 세포가 자극되는 정도를 비교해서 무슨 색인지 판별합니다.

색깔을 판별하는 독특한 방식이네요.

격자를 사용하는 것보다는 덜 정밀하지만 훨씬 효과적이죠. 눈이 이런 원리로 색을 구별한다는 것을 알아낸 인간은 꾀를 부렸습니다. 모니터나 휴대전화의 디스플레이를 만들 때 **'모든 파장의 빛을 만들어낼 필요가 없고, 다만 세 가지 원뿔세포를 적절한 비율로 자극하면 된다'**는 생각을 한 거죠.

예를 들어, 자연의 노을에서 보는 주황빛은 실제로 620nm의 파장을 갖습니다. 이 빛이 시각세포에 들어오면 빨강 원뿔세포를 10, 초록 원뿔세포를 4의 세기로 자극하고, 뇌는 이로부터 주황빛이라고 결론을 내립니다. 여러분이 노을을 사진기로 찍은 다음에 휴대전화로 보면 똑같은 주황색으로 보이지만, 실제 휴대전화는 빨간빛을 10의 세기로, 초록빛을 4의 세기로 쏴주고 있는 것입니다. 우리 눈은 그 차이를 구별하지 못하고 여전히 주황빛이라고 인식하는 것이죠.

그러니까 디스플레이는 모든 색깔을 표현할 필요 없이, RGB 세 가지 빛의 세기 비율만 조절하면 된다는 건가요?

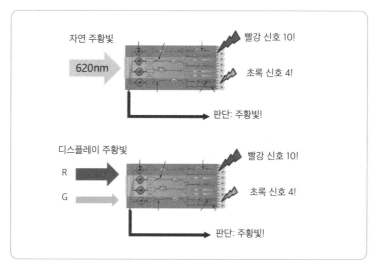

자연 주황빛

620nm

빨강 신호 10!

초록 신호 4!

판단: 주황빛!

디스플레이 주황빛

R

G

빨강 신호 10!

초록 신호 4!

판단: 주황빛!

색의 조합

그렇습니다. 휴대전화 화면에 작은 물방울을 떨어뜨려보면 확대경처럼 작용해서, 화소 하나당 RGB 세 개의 점으로 이루어져 있다는 것을 직접 확인할 수 있습니다.

예를 들어, 빨강과 초록 점이 교대로 촘촘하게 찍혀 있으면 노랑으로 보입니다. 파워포인트나 그림 그리는 프로그램에서 색을 편집하는 상자를 열어보면 이 RGB의 비율을 직접 조절해볼 수 있습니다.

정말이네요. 우리 눈을 감쪽같이 속였어요. 그러고 보니 미술시간에 빛의 혼합과 색의 혼합이 다르다고 배운 기억이 나요. 빛은 섞을수록 밝아지고, 세 가지 빛을 다 섞으면 백색광이 된다고 했어요. 반면, 색은 섞을수록 어두워지고, 결국에는 검정이 되어버린다고

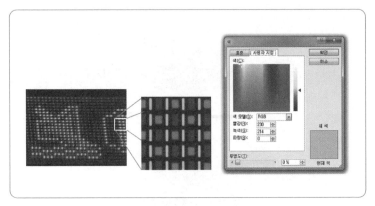

RGB 픽셀 휴대전화 디스플레이나 모니터의 각 픽셀은 RGB의 조합으로 이루어져 있다.

요. 이런 것도 물리적으로 설명이 되나요?

빛을 스스로 방출하는 전등이나 디스플레이에서는 빛을 더하면 더할수록 새로운 파장이 추가되고 에너지가 늘어나니까 더 밝아질 수밖에 없습니다. 하지만 물감이나 잉크는 발광하는 물질이 아니라 외부에서 온 빛 가운데 일부를 흡수하는 물질이죠.

예를 들어, 빨강 물감은 초록이나 파란빛을 흡수하고 빨강만 우리에게 되돌려줍니다. 하지만 거기에 파란 물감까지 섞여 있으면 그 남은 빛의 대부분을 흡수해버리기 때문에 우리 눈으로 되돌아오는 빛의 성분이 점점 줄어들게 됩니다.

빛의 입장에서 보니까 명쾌해지네요. 색 이야기를 하니까 생각났는데, 색맹은 왜 생기는 건가요?

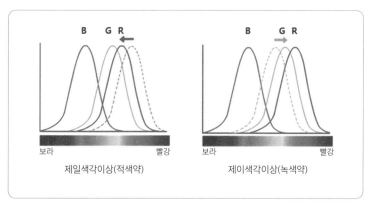

색약 G-원추세포와 R-원추세포의 반응 영역이 너무 가까우면 빨강과 녹색을 구별하기 어려워진다.

가장 흔한 적록색맹(색약)은 빨강 원뿔세포의 중심 파장이 왼쪽으로 와버리거나, 초록 원뿔세포가 오른쪽으로 이동해서 두 세포의 역할 차이가 모호해짐으로써 생기는 현상입니다.

시각세포 자체에 문제가 생긴 것이니 치료가 쉽지 않겠네요. 그런데 보정 안경 하나만 쓰면 색맹 문제가 해결되는 것처럼 말하는 동영상이 있던데요.

저도 본 적 있습니다. 아마도 그 안경에 빨강과 초록이 겹치는 부분의 빛을 집중적으로 차단하는 필터가 있어서 상대적으로 초록과 빨강 원뿔세포의 차별성을 높여주는 것 같습니다. 전체적으로는 좀 어두워 보이겠지만 색을 좀 더 예리하게 구별할 수 있게 해주는 거죠.

이 안경을 처음 써본 사람이 노을빛을 바라보며 이렇게 말했어요. "당신네들은 지금까지 매일 이런 것을 보고 살았다는 말인가요?" 그 말을 들으니 갑자기 눈물이 나려고 했어요.

눈으로 사물을 볼 수 있다는 것, 그리고 수십만 가지의 색을 구별할 수 있다는 것은 정말 놀라운 일이죠. 그리고 과학 기술을 통해 다른 사람에게 더 선명한 빛을 보여줄 수 있다는 것도 멋지고요.
사실 제 세부 전공이 물리학 중에서도 광학이거든요. 대학에서 오랜 세월 광학을 공부하면서 복잡한 이론을 습득하기에 바빴을 뿐 다른 이들에게 도움을 줄 수 있는 가능성에 대해서는 거의 생각해보지 못한 것이 부끄럽습니다.

정말요? 저는 여기서 선생님이 설명해주신 이야기들은 다 대학에서 배우는 줄 알았는데요.

그렇지 않습니다. 학교에서 배우는 지식들은 우리 삶에서 몇 단계 떨어져 있을 뿐만 아니라 건조하고 전문적인 용어로 가득 차 있어서 가까이 와닿지 않았습니다. 제가 이런 식의 물리 이야기를 들려주는 것도 지난 공부에 대한 반성인 셈입니다.

4
'본다'는 것의 의미

이런 사진을 본 적 있나요?

이런 건 저도 포토샵으로 금방 만들 수 있어요.

사진이 아니라 실제로 눈앞에서 이렇게 보인다면요? 로체스터대학
의 한 연구자가 렌즈 네 개를 사용해서 이런 장치를 만들었답니다.

정말요? 그럼 영화에 나오는 투명망토 같은 것도 가능한가요?

저 효과는 정면에서 볼 때만 나타나니까 투명망토와는 아직도 한참 거리가 있다고 봐야죠.

요샌 VR(virtual reality, 가상현실)이나 3D 영상 같은 시각적으로 신기한 효과를 만들어내는 것이 많잖아요. 어떤 원리로 가능한지 알고 싶어요.

좋습니다. 그 전에 일단 '본다'는 것이 뭔지 생각해보기로 하죠. 우리가 '촛불을 본다'는 것은, 촛불의 상(이미지)이 우리 눈의 망막에 맺혔다는 뜻입니다.

예전부터 '상이 맺혔다'는 말은 여러 번 들어봤는데, 그게 무슨 뜻인가요?

연못에 돌멩이를 떨어뜨리면 물결이 동심원으로 퍼지듯 촛불의 한 점에서 출발한 빛도 사방으로 퍼져 나갑니다. 그런 상황에서는 망막이나 스크린을 갖다놓더라도 촛불의 형상을 확인할 수 없습니다.
하지만 렌즈나 눈의 수정체가 있으면 파면이 반대 방향으로 뒤집어지고, 적당한 거리를 진행하고 나면 파동이 다시 한 점으로 모이게 됩니다. 이런 방식으로 촛불의 각 점이 망막의 다른 위치에 각각 대

촛불 보기 촛불의 각 점에서 출발한 빛이 망막에 한 점으로 모일 때(상이 맺힐 때), 우리는 촛불을 '본다'.

응하는 촛불의 상이 나타나고, 이를 뇌가 인식하게 됩니다.

그러니까 어떤 물체에서 출발한 빛들이 저만큼 떨어진 평면에서 다시 '헤쳐 모여' 하게 되면 '상이 맺혔다'고 하는군요. 글을 읽으려면 글자가 망막에 쓰여야 하고요. 그런데 렌즈 하나만으로도 저쪽 물체의 상을 이쪽에 나타나게 할 수 있다는 게 놀랍네요.

그렇죠. 렌즈도 역시 기발한 발명품입니다.

이제 촛불이나 등을 보는 원리는 알겠어요. 그런데 종이에 쓰인 글자는 촛불처럼 빛을 뿜어내지 않잖아요. 어떻게 망막에 글의 상이 맺히는 걸까요?

그래서 책을 읽을 때는 외부의 빛이 필요합니다. 외부에서 출발한 빛이 종이나 글자를 만나면 산란되는데, 산란된 빛도 마치 글자에서 출발한 빛처럼 동심원의 형태를 띱니다. 그래서 우리는 마치 책이 빛을 내는 것처럼 글자를 볼 수 있는 것이죠.

그렇군요. 우리는 '글자'를 보는 게 아니라, 글자에 의해 '산란된 빛'을 보고 있는 거였네요. 그럼 빛을 산란시키지 않는 물체는 볼 수 없는 건가요?

그렇죠. **어떤 물체가 전자기파에 의해 진동하지 않거나, 진동하더라도 그 전자기파를 다시 사방으로 방출하지 않으면 우리는 그 물체를 볼 수 없습니다.**

전자기파 테스트에 걸려든 물체만 볼 수 있다니, 우리가 세상의 모든 존재를 다 볼 수 있는 것은 아니었군요.

다시 '상 맺기'로 돌아가볼까요. 제가 책을 읽다가 갑자기 책을 눈 쪽으로 더 가까이 가져오면 어떻게 될까요? 글자에서 나온 빛의 파면이 충분히 퍼지기 못해 볼록한 상태로 수정체에 닿게 되고, 수정체를 통과하고 나면 아까보다 덜 오목한 파면이 되어 망막 위치에서 상을 맺지 못하게 됩니다.

망막을 더 뒤로 두어야만 상이 맺히겠군요.

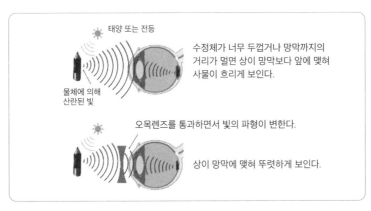

태양 또는 전등

물체에 의해 산란된 빛

수정체가 너무 두껍거나 망막까지의 거리가 멀면 상이 망막보다 앞에 맺혀 사물이 흐리게 보인다.

오목렌즈를 통과하면서 빛의 파형이 변한다.

상이 망막에 맺혀 뚜렷하게 보인다.

근시와 시력 교정

네. 카메라는 렌즈의 위치를 앞뒤로 조절해서 초점을 맞추는 반면, 안구에서는 수정체의 두께를 조절해서 초점을 맞춥니다. 먼 물체를 볼 때는 수정체를 얇게, 가까운 물체를 볼 때는 수정체를 눌러서 두껍게 만들죠.

저는 근시라서 멀리 있는 물체가 잘 안 보이는데, 왜일까요? 수정체가 너무 두꺼워서인가요?

일단 성장기를 거치면서 안구가 커지면 망막이 뒤로 멀어지는 효과가 있습니다. 그리고 수정체가 탄력을 잃어서 두꺼운 상태에서 얇은 상태로 잘 전환되지 않으면 근시가 생기게 되지요.
반면, 나이가 들면 수정체를 조절하는 근육의 힘이 약해져서 가까운 것이 잘 보이지 않는 원시가 되기도 합니다.

그래서 자주 먼 산을 바라보며 눈을 쉬는 게 좋다고 하는 거군요.
시력 교정은 어떻게 하나요?

가장 직접적인 방법으로는 수정체 앞의 각막을 납작하게 깎아냄으로써 근시를 완화하는 거예요. 그게 바로 라식 또는 라섹 수술입니다. 더 간단한 방법은 수정체 앞에 안경(또는 콘택트렌즈)이라는 보조 렌즈를 두는 거고요. 근시처럼 수정체가 지나치게 볼록한 렌즈처럼 되었을 때 오목렌즈를 착용함으로써 빛이 덜 꺾이게 만들어줍니다. 또 요새는 밤에 끼고 자는 특수 콘택트렌즈도 있는데, 이 렌즈는 수정체에 의도적으로 힘을 가해서 일시적으로나마 펴주는 효과를 냅니다.

안경이 그런 작용을 하는군요.
가끔 큰 거울 앞에 서면 거울은 없고 방이 이어진 것 같은 착각이 들곤 하는데, 왜 우리 눈은 거울을 잘 인식하지 못할까요?

앞서 외부 빛의 산란을 통해 물체를 본다고 했는데, 거울은 빛은 산란시키지 않고 정반사를 시키기 때문입니다.
산란과 정반사의 차이는 다음 그림과 같습니다. 들어온 빛의 파면 정보가 다 사라지고 새로운 파가 시작되는 것이 산란이라면, 정반사에서는 들어온 파면이 그대로 살아 나갑니다. 그러니 눈이 거울의 존재를 알아챌 수가 없죠. 하지만 거울에 흠이 많거나 먼지가 앉아 있으면 흠이나 먼지가 산란을 일으키게 되고, 그때 우리는 거울 자

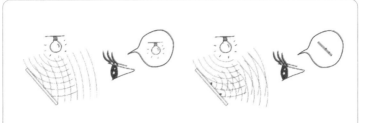

거울은 광원에서 오는 파를 그대로 반사하므로 거울의 존재를 알아차리기 어렵다. 하지만 거울 면에 먼지가 붙어 있으면 먼지가 산란을 일으켜 새로운 파를 만들어 내므로 거울의 존재를 알아차릴 수 있게 된다.

거울의 산란과 반사

체를 보게 되는 것입니다. 또 빛이 지나가는 공간에 먼지나 안개가 자욱하게 놓여있으면, 원래의 빛의 파면이 뭉개지고 새로운 산란이 일어나니 뿌옇게 보이는 것입니다.

물체가 빛을 산란시키기 때문에 그 물체를 볼 수 있다고 하셨죠? 만약 어떤 생쥐가 빛을 산란시키지 않고, 오는 빛의 파면을 그대로 보낼 수만 있다면 그 생쥐는 투명하게 보이겠네요.

그렇죠. 하지만 물체가 빛을 전혀 안 건드리는 것은 불가능하니까, 대신 들어온 빛을 꺾어서 자기 자신 옆으로 지나가게 만들면 됩니다. 예를 들어 렌즈 두 개를 사용하면 그 사이에 숨을 수 있는 공간이 만들어지고, 이것이 처음 보여주었던 사진에서 사용한 방법입니다.

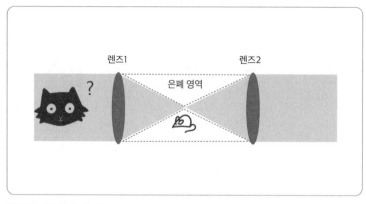

렌즈를 이용한 은폐 기술

재미있긴 한데, 옆에서 보면 금방 들통나잖아요. 모든 방향으로부터 숨을 방법은 없을까요?

'메타물질'(나노 구조물이 주기적으로 배열된 물질로, 음의 굴절률을 가질 수 있다)이라는 독특한 인공 물질이 있는데, 그것으로 물체를 감싸면 빛이 좌우를 휘돌아 나가게 만들 수 있습니다.

빛이 어느 쪽에서 오든 마치 메타물질이 없었던 것처럼 직진해서 통과하네요. 그러니까 정말 투명하게 보일 수 있겠어요. 대단해요!

하지만 아직까지 이 메타물질은 파장이 아주 긴 영역에 대해서만 만들 수 있고, 가시광선에서는 만들지 못하고 있습니다. 그러니 투명망토를 상상하기는 아직 이릅니다.

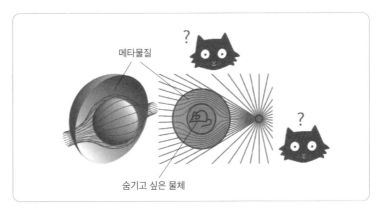

메타물질을 이용해서 만든 3차원 은폐막

이젠 입체 영상에 대해 이야기를 해볼까요? 아무리 좋은 화질의 TV를 본다고 해도 진짜 컵과 화면 안의 컵은 차이가 있는데, 그 차이 중 하나가 입체감입니다.

사람이 실제 컵에서 입체감을 느끼는 이유는 두 눈으로 들어오는 이미지가 약간 다르기 때문입니다. 즉 왼쪽 눈은 살짝 왼편을 바라보는 반면, 오른쪽 눈으로는 컵의 오른편을 살짝 엿볼 수가 있거든요. 컵이 더 가까울수록 이 차이는 더 심해집니다. 이 두 장면을 뇌가 조합해서 이 컵이 어떤 입체 도형일지 상상하고, 현재 어느 정도 멀리 떨어져 있는지 가늠해내는 것이지요.

그럼 좌우 눈의 간격이 넓은 사람은 멀리 있는 물체도 가깝다고 느끼게 되나요?

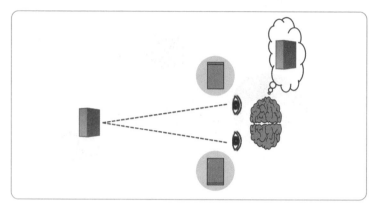

입체감 두 눈에 들어오는 이미지의 차이를 통해 입체를 인식한다.

뇌에서 경험적으로 원근을 판별하기 때문에 큰 문제는 없을 것 같네요. 하지만 어느 날 아침에 갑자기 눈의 간격이 달라진다면 혼동을 겪을 것입니다.

그럼 3D 영화는 어떻게 만들죠? 양쪽 눈에 서로 다른 장면을 보여주나요?

그렇습니다. 그렇게 할 수 있으려면 일단 영상을 만들 때 왼쪽 눈과 오른쪽 눈에서 보는 영상을 따로 저장해야 합니다. 말하자면 두 대의 카메라를 사용하면 됩니다. 다음엔 이 두 영상을 양쪽 눈에 각각 넣어줘야 하는데, 여기에는 여러 가지 방법이 있습니다. 이 방법들을 하나씩 소개해볼게요.

매직아이 두 눈의 시선을 서로 교차해서 바라보면 달이 입체적으로 보인다.

1) 매직아이(Magic Eye)

약 30년 전에 인기를 끌었던 방식입니다. 약간 다른 각도에서 찍은 달 사진 두 개를 나란히 놓아두고 우리에게 왼쪽 눈으로는 오른쪽 그림을, 오른쪽 눈으로는 왼쪽 그림을 동시에 보라고 합니다. 우리 눈이 초점이 흐려지고 멍한 상태가 될 때 갑자기 두 영상이 일치하고 달이 입체로 보이기 시작합니다. 조금 연습이 필요할 수도 있는데, 재미있으니까 한번 해보시기 바랍니다.

아, 보여요! 정말 둥근 달이 내 앞에 있는 것 같은데요.

2) 빨강/파랑 필터 사용

두 번째 방법은 색깔 필터를 사용하는 것입니다. 왼쪽 눈에 들어갈 영상은 빨간색 톤으로, 오른쪽 눈에 들어갈 영상은 파란색 톤으로

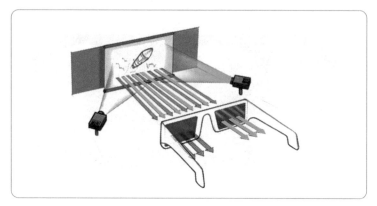

애너글리프 빨강/파랑 톤으로 이루어진 좌우 영상을 색깔 필터 안경을 통해 본다.

그립니다. 그리고 빨간색/파란색 필터가 달린 안경을 쓰면 두 눈이
서로 다른 영상을 볼 수 있습니다. 필터는 셀로판지를 사다가 쉽게
만들 수 있고, 영상 자료는 인터넷에 많이 올라와 있으니까 심심할
때 해보시면 됩니다.

맨눈으로 볼 때는 두 개의 그림이 겹쳐서 흐릿하게 보였는데, 필터
를 쓰니까 선명하고 깨끗하게 보이는군요.

색을 좌우로 나누는 데 사용해버리기 때문에 색감이 풍부한 영상
을 만들 수 없다는 것이 단점입니다.

3) 편광필름 사용
대부분의 3D 극장에서 사용하는 방식입니다. 빛은 전기장/자기장

의 진동이라고 했습니다. 그렇다면 진동하는 '방향'이 있기 마련이고, 그 방향을 '편광축'이라고 부릅니다.

'편광필름'이라는 특수 필름을 사용하면 내 눈으로 들어오는 빛 가운데 좌우로 진동하는 빛(수평 편광)만 걸러내거나, 상하로 진동하는 빛(수직 편광)만 걸러내는 것이 가능합니다. 영화관에서 나눠주는 안경이 바로 이 편광안경이죠.

편광안경과 셔터안경

그럼 스크린에서 왼쪽 눈의 영상은 수평 편광으로, 오른쪽 눈의 영상은 수직 편광으로 보낸다는 이야기인가요?

네. 영화관 프로젝터나 3D 모니터가 그런 기능을 갖고 있습니다. 편광안경이 맞는지 확인하려면 안경 2개를 90도로 겹쳐보면 됩니다. 편광필터가 90도로 겹쳐지면 아무 빛도 통과하지 못해서 깜깜해지거든요.

다음에 극장에 가면 확인해봐야겠어요.

4) 시간 차 이용

또 다른 방법은 왼쪽 영상과 오른쪽 영상을 교대로 바꿔가며 보여주는 것입니다.

그럼 그에 맞춰 우리 눈도 교대로 깜박여야 하지 않나요?

맞아요. 그래서 셔터안경을 사용합니다. 오른쪽 화면이 나타났을 때는 왼쪽 안경을 까맣게 만들어버리고, 왼쪽 화면이 나타나는 순간에는 오른쪽 안경을 까맣게 만들어줘야 합니다. 충분히 빨리 깜박이면 우리 두 눈은 깜박이는 것을 눈치 채지 못한 채 계속 다른 영상을 보게 됩니다.
이 방식의 단점은 안경에 깜박이는 장치가 설치되어 있어야 하고, 이 영상을 내보내는 쪽과 계속 타이밍을 맞추느라 전기를 소모할 수밖에 없다는 것입니다. 그래서 안경 값이 꽤 나가고 묵직하죠.

안경 값이 비싸니까 영화관에서는 사용하기 어렵겠네요.

5) 렌티큘러(lenticular, 반원통형) 렌즈 사용
혹시 보는 각도에 따라 그림이 달라지는 스티커를 본 적 있나요?

네. 많이 봤죠.

그걸 응용하면 입체 영상을 만들 수 있습니다. 왼쪽 눈과 오른쪽 눈의 각도에서 서로 다른 그림을 보게 만들면 되니까요.

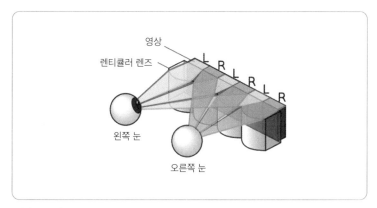

렌티큘러 렌즈 좌우 영상을 각각 다른 방향으로 보내준다.

아, 그렇겠네요!

왼쪽 영상을 여러 개의 띠로 쪼갠 후 그림에서 L로 표시한 곳에 나눠 붙이고, 오른쪽 영상은 R 자리에 나눠 붙입니다. 화면 앞에는 기다란 반원통형 렌즈가 연속으로 붙어 있어서 왼쪽 영상은 모두 왼쪽 눈으로만 들어가고, 오른쪽 영상은 모두 오른쪽 눈으로만 향합니다.

안경이 필요 없어서 좋기는 한데, 얼굴의 위치를 바꾸면 안되겠어요.

6) 좌우 화면을 사용하는 방법

마지막으로 요새 가장 널리 사용되고 있는 VR 기술입니다. 아예 왼쪽과 오른쪽 영상을 분리해놓고 각각을 보게 만드는 방법입니다. 화면이 눈과 가까운 대신, 렌즈를 써서 마치 화면이 멀리 있는 것처럼 보이게 만듭니다.

어떻게 보면 가장 간단하네요.

네. 앞에서 보여준 매직아이하고 기본 개념은 같지만, 렌즈를 도입함으로써 보기가 편한 데다, 눈앞이 화면으로 가득 차기 때문에 가상현실에 와 있는 듯한 효과를 줍니다.
'구글 카드보드'라고 골판지를 접어 만든 간단한 안경에 스마트폰을 끼우면 꽤 그럴싸한 영상을 볼 수 있습니다.

두 눈에 다른 영상을 비춰주는 방법이 이렇게 다양한 줄 몰랐어요. 결국 다 가짜 3D인 셈이잖아요. '3D 홀로그램'이란 말도 들어본 것 같은데요.

홀로그램은 가장 진정한 3D에 가깝다고 할 수 있습니다. 홀로그램 필름이란 것을 만들어서 빛을 투과시키면 그 빛이 꺾여서 특정한 방식으로 퍼지는데, 그 퍼지는 형태가 마치 3D 물체가 외부 빛을 산란시킬 때와 비슷하거든요.

산란되는 빛을 똑같이 만들어내는 필름이라니, 그 홀로그램 필름은 어떻게 만드는 거예요?

물체에 외부 빛을 비춘 뒤 그 물체에서 산란되는 빛의 분포를 필름

구글 카드보드 스마트폰 화면의 2개 영상을 각각 볼록렌즈를 통해서 본다.

에 새겨서 만드는데, 여기서 설명하기에는 그 원리가 꽤 복잡합니다.

알겠습니다. 사람이 눈을 이용해서 사물을 인식하는 것도 놀랍고, 사물 인식의 원리를 알아냈다는 것도 놀라운데, 그 원리를 이용해서 만든 기술에 우리가 쉽게 속는다는 것이 좀 무섭네요.

네. 필요한 곳에는 기술을 잘 활용해야겠지만, 기술의 원리를 이해하지 못한 채 보이는 대로만 받아들여서는 안 되겠죠. 잘못하면 다른 사람이 만들어놓은 가상 세계에 우리 정신이 갇혀버릴 수도 있으니까요.

5
광통신

광통신이라는 게 빛으로 통신한다는 뜻이죠? 어떻게 빛으로 통신이 가능할까요?

우리가 표정이나 몸짓으로 상대방에게 의사를 전달하는 것도 사실상 빛과 시각을 통해 이루어지는 것이니 그것도 일종의 광통신입니다.

최초의 장거리 광통신은 불이나 연기를 피워서 소식을 알린 봉화라고 할 수 있죠. 하지만 봉화는 날씨가 안 좋으면 신호를 보낼 수 없고, 또 모든 사람에게 공개된다는 단점이 있습니다. 빛을 더 안전하고 비밀스럽게 보내고 싶었겠지만 마땅한 대안이 없었을 겁니다. 전기신호는 구리선을 이용해서 쉽게 보낼 수 있었지만, 빛을 효과적으로 보낼 수 있는 선은 없었죠.

광섬유 아이디어 존 틴들은 빛이 물줄기를 따라 이동하는 현상을 발견했다.

비어 있는 수도관 같은 걸로 빛을 보내면 어떨까요? 빛이 잘 반사하
도록 관 내부를 거울처럼 반짝이게 만들고요.

좋은 생각입니다. 짧은 거리에서는 잘될 거예요. 하지만 긴 관을 그
렇게 만들려면 비용이 너무 많이 들고, 아무리 거울 면을 잘 다듬
어도 수백 번 반사하고 나면 빛의 세기가 많이 약해지기 때문에 빛
을 멀리 보내는 것은 무리입니다.

1870년대 존 틴들(John Tyndall)이라는 과학자가 흥미로운 현상
을 발견했습니다. 한낮에 야외에 놓인 물통의 한쪽에서 물이 새어
나오고 있었는데 그 물줄기의 끝이 밝게 빛나는 것이었습니다. 그
이유를 생각해보다가, 물통 속에 들어간 햇빛이 물줄기 안을 통과
해서 나온다는 것을 알았습니다.

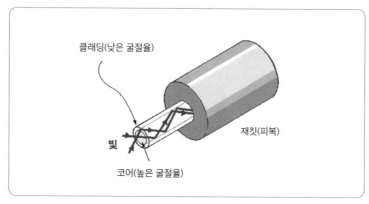

클래딩(낮은 굴절율)

빛

코어(높은 굴절율)

재킷(피복)

광섬유 광섬유는 높은 굴절률을 갖는 코어와 낮은 굴절률을 갖는 클래딩, 그 위를 덮는 피복으로 구성된다.

빛이 물줄기 바깥으로 조금씩 새지 않을까요? 수도관 내부의 반사를 이용하는 제 아이디어보다 특별히 나을 것이 없어 보이는데요.

물줄기가 매끈하기만 하다면, 공기보다 굴절률이 높은 물 안에서 비스듬히 진행하는 빛은 100% 반사가 일어나게 됩니다. 이를 '전반사'라고 하죠.

전반사 현상은 그 당시 이미 알려져 있었지만, 전반사를 이용해서 빛을 가둘 수 있다는 생각은 미처 하지 못한 거죠. 위의 아이디어를 발전시킨 것이 광섬유입니다. 높은 굴절률을 가진 코어를 그보다 낮은 굴절률을 가진 물질(클래딩)로 감싸고, 코어 앞쪽에서 빛을 넣어주면 코어와 클래딩의 경계에서 100% 반사하면서 빛이 진행합니다. 100%의 반사율을 갖는 거울을 만드는 것보다 훨씬 쉽죠.

보통 광섬유는 플라스틱이나 유리로 만드는데 그 굵기가 머리카락 정도입니다. 언뜻 보면 실처럼 보이니까 그런 이름이 붙은 것 같습니다.

광섬유 한쪽에 빛을 넣어보면 중간에 구부러진 부분이 있어도 빛이 새지 않고 반대편 끝으로 모두 나옵니다. 요새는 여러 가지 장식으로도 많이 사용되고 있죠.

내시경도 광섬유를 이용합니다. 광섬유 한 가닥으로는 밝고 어두운 정보만 알 수 있기 때문에 몸속 영상을 몸 바깥으로 그대로 전달하려면 광섬유 여러 가닥이 필요합니다. 광섬유 한 가닥이 모니터의 픽셀 하나에 해당하는 것이죠. 한쪽 끝에 이미지가 들어가면 그 이미지가 그대로 바깥의 광섬유 끝에 전달됩니다. 이런 방식으로 몸 바깥에서 몸의 내부를 직접 들여다볼 수 있습니다.
그 밖에 센서로도 쓰입니다. 교량이나 건물 등을 건축할 때 광섬유를 내부에 같이 심어두었다가 광섬유를 통과하는 빛을 모니터링해보면 건축물에 얼마나 압력이 가해지는지, 어디가 노화되었는지

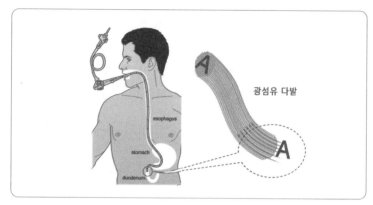

광섬유 다발

esophagus

stomach

duodenum

A

A

광섬유 다발을 이용한 내시경

알 수 있습니다.

오늘날 광섬유의 가장 중요한 응용 분야는 통신입니다. 여러분이 인터넷을 사용하거나 다른 도시의 친구에게 전화를 걸면 그 신호가 모두 빛으로 바뀐 후에 광섬유를 통해 전달되거든요.

하지만 스마트폰은 무선통신이니까 광섬유와는 관계가 없을 것 같은데요.

인터넷은 물론이고 전화를 걸더라도 기지국까지만 무선(공중으로 흩어지는 전자기파)으로 연결될 뿐 도시와 도시 사이에서는 광섬유를 통해 신호가 갑니다. 무선통신은 거리가 멀어지면 그 신호 세기가 급격하게 감소하기 때문에 장거리에는 반드시 광섬유가 사용됩니다.

익숙한 것들의 마법, 물리 1

초기에 만들어진 광섬유로는 100m 이상 빛을 보내기 힘들었죠. 그러나 현재 기술로는 1km를 지나더라도 처음 세기의 수 퍼센트밖에 사라지지 않습니다. 전기신호의 경우에는 전선에서 잃어버리는 에너지 손실이 커서 전봇대 중간중간에 신호를 다시 증폭시키는 장치를 설치해야 하는데, 빛의 경우에는 100km 정도의 거리라면 중간에 아무런 증폭기를 사용하지 않고도 신호를 보낼 수 있습니다. 물론 태평양을 건널 때는 증폭기를 사용해야 합니다만.

태평양을 건너 신호를 보낸다고요? 대단하군요. 이제 광통신의 원리를 알려주세요.

원리는 간단합니다. 디지털 통신에서는 모든 신호가 1과 0의 이진수로 이루어지기 때문에 빛이 켜지는 순간을 1, 빛이 꺼지는 순간을 0으로 약속하면 됩니다. 즉 빛을 켜거나 끄는 것으로 원하는 1과 0을 교대로 보낼 수 있습니다.

1과 0만 보내서 어떻게 통신을 하나요? 큰 숫자도 보내고 글자도 보낼 수 있어야지요.

예를 들어, 친구에게 '나 꽃 받았다~'라는 문자를 보낸다고 해봅시다. 스마트폰은 이 문장을 다음과 같은 디지털 신호로 바꿉니다. 이

보낼 메시지:

나 꽃 받았다~

디지털 신호:

00110011 10110110 10001110 10101101
0110110011110111000011101100010
1010111010101010010..

메시지 전달 보낼 메시지를 1과 0의 디지털 신호로 변화시킨 뒤, 빛의 깜박임을 통해 메시지를 전달한다.

를테면 처음의 00110011은 이 문자가 한글이라는 것을 나타냅니다. 그다음 8개 숫자는 'ㄴ'을 의미하고, 다음은 'ㅏ', 다음은 빈칸이 있다고 알려줍니다. 친구의 스마트폰에서는 1과 0의 정보를 받아서 다시 한글로 해석해서 보내주죠.

이런 식으로 각 문자를 2진수로 어떻게 표현할지 약속만 잘 해놓으면 1과 0만 사용해서 어떤 문장이든 전달할 수 있습니다. 실제로는 훨씬 더 복잡한 부호와 규약이 존재하지만 여기서는 개념만 알려드리기 위해 과감하게 단순화시켰습니다.

약속만 잘 해놓으면 한글이나 영어, 특수문자도 다 보낼 수 있겠네요. 하지만 사진이나 그림은 어떻게 전달하나요? 선을 긋는다, 동그라미를 그린다 등으로 약속을 하나요?

사진 전송 사진은 각 점의 RGB 값을 디지털 신호로 변환해서 보내면 된다.

사진을 보내는 것은 좀 더 복잡하지만, 가장 단순한 방법으로 보내보도록 하겠습니다. 사진은 결국 색깔을 가진 점들의 집합입니다. 먼저 사진의 크기를 알려줘야 합니다. 처음 숫자 두 개로 사진이 600×480개의 점들로 이루어져 있다는 것을 알려줍니다. 그다음에 첫 번째 점의 색깔을 알려줘야 합니다. 짙은 회색이네요.

색깔을 어떻게 숫자로 표현하죠? 아, 앞에서 말한 RGB 코드가 있었네요!

맞아요! 이 색깔이 빨강, 초록, 파랑을 각각 얼마씩 섞으면 나오는 색인지 알려주면 됩니다. 지금 이 숫자들은 십진수로 빨강 59, 초록 40, 파랑 42를 섞으면 된다고 알려줍니다. 두 번째 점의 색깔을 알려주려면 또 한 줄이 필요하고요.

이런 식으로 모든 점의 색깔을 일일이 다 알려준다고요?

네. 600×480×3×8(화소수×RGB×비트)이니까 약 700만 개의 1과 0을 보내면 됩니다. 물론 요새는 그림의 데이터를 압축하는 다양한 방식을 사용하긴 합니다만, 그 데이터 양이 결코 적지 않습니다. 단순히 파일 용량만 확인해보면 되는데, 1바이트(Byte)는 8비트(bit), 즉 8개의 1과 0을 의미합니다. 만약 전송하는 파일이 1메가바이트(MB)짜리라면 8백만 비트, 즉 8백만 번 레이저가 깜박여야 합니다.

레이저가 1초에 100번을 깜박인다고 해도 사진 한 장 주고받는 데 하루 종일 걸리겠네요.

그래서 통신사의 입장에서는 초당 얼마나 많은 데이터를 보낼 수 있느냐가 관건입니다. 일단 빛을 이용하게 되면 과거 구리선에서 전기신호를 보낼 때와 비교할 수 없을 만큼 빨라집니다.

빛의 속도가 워낙 빠르니까 그렇겠죠?

흔히 그렇게들 오해하는데, 신호 자체가 이동하는 속도는 구리선에서도 빛의 속도와 같습니다. 문제는 신호가 왜곡되는 정도입니다. 구리선에서 전자가 움직이면 주변에 전자기파를 일으킨다고 했죠? 이런 현상이 전자의 움직임을 방해하고 왜곡시킵니다. 하지만 빛에

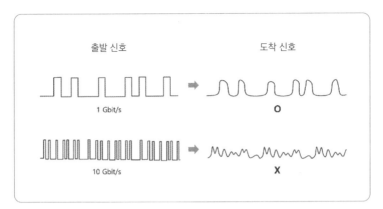

신호 왜곡 초당 전송하는 정보량이 많으면 먼 거리를 진행한 후 신호 왜곡이 심해져 신호를 읽을 수 없다.

서는 그런 일이 발생하지 않기 때문에 빛으로 통신하는 것이 압도적으로 유리하죠.

그럼 광통신에서는 데이터 속도를 무한히 올릴 수 있나요?

한계는 있습니다. 빛이 유리로 만들어진 광섬유를 지나갈 때도 '분산'이라는 왜곡 효과가 발생하거든요.

예를 들어 어떤 통신 시스템이 초당 1기가(10억)비트를 보내는 데 문제없이 잘 전송되었다고 해봅시다. 여기서 속도를 10배 빠르게 하겠다고 초당 10기가비트를 보내버리면 어떻게 될까요? 수십km의 광섬유를 지나고 나면 신호가 위의 그림처럼 뭉개져서 저쪽에서 1인지 0인지 알아볼 수 없게 됩니다. 이런 분산 효과를 최소화하는 수많은 기술들이 개발되어왔고, 그 덕분에 보낼 수 있는 데이터의 속도가 갈수록 빨라지고 있습니다. 현재는 초당 1테라(1조)바이트 정도를 보낼 수 있는 수준에까지 이르렀죠.

제 하드디스크 용량이 1테라바이트인데, 그럼 광섬유 한 가닥으로 1초 만에 데이터를 다 옮길 수 있단 말인가요?

네. 정보를 나르는 광섬유 자체는 문제가 없는데, 그 정보를 빛으로 변환하는 속도, 또 받은 정보를 기록하는 속도가 느려서 못하는 것뿐이죠. 어쨌든 빛으로 통신을 하면 전기로 통신을 하는 것보다 100만 배가량 더 많은 정보를 보낼 수 있는 셈입니다.

제가 부산에 있는 친구에게 안부를 묻고 사진을 전송할 때마다 휴대전화에서 전자파가 나와 기지국 안테나의 전자들을 요동시키고, 이것이 전자회로를 가동시켜 레이저를 깜빡이게 만들고, 그 빛이 수백 km의 광섬유 안을 지나 다른 기지국에 도착한 후 다시 전자기파로 바뀌고, 그래서 친구의 스마트폰 화면에 '짠' 하고 뜬다는 거 잖아요. 단 몇 초 만에 말이죠. 상상만 해도 아찔하네요.

그렇죠. 우린 놀라운 시대에 살고 있어요. 광통신 기술은 전 세계가 하나의 네트워크로 연결될 수 있도록 만들었습니다. 여러분이 책상 앞에 앉아서 세상 모든 곳의 정보를 쉽게 접근할 수 있는 것도 전 세계 주요 도시들이 광섬유로 연결되어 있기 때문입니다.
다음의 그림은 대륙과 대륙 간에 연결된 해저 광케이블의 분포를

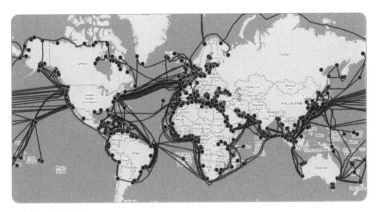

해저 광케이블 분포

보여줍니다.

꼭 몸속에 퍼져 있는 혈관처럼 보여요.

물건이 운송되는 철로가 혈관이라면, 신호가 오가는 광케이블은 신경계에 해당하겠네요. 이제는 지구 반대편에서 일어나는 소식을 즉시 접하고 거기에 곧바로 대응할 수 있으니, 광케이블로 인해 지구가 한 몸이 된 것이나 다름없지요.

정리

1. _____는 전기를 띤 입자(주로 전자)가 진동을 할 때 발생되는 파동
   이며, 이 파동이 전기를 띤 다른 입자를 만나면 다시 _____을 일으킨다.

2. 1초에 _____번 정도 진동하는 가시광선은 주파수가 너무 높아 전자
   를 인위적으로 진동해서 만드는 것이 불가능하다. 대신 원자나 원자단,
   반도체, 도체 등의 내부 _____가 높은 에너지 준위에서 낮은 준위
   로 떨어질 때 얻을 수 있다.

3. _____는 유도방출이라는 특수한 현상을 이용하여 모든 빛들이 같
   은 파장, 같은 방향, 같은 결로 진행하도록 만든 빛이다.

4. 사람의 눈은 색을 인식할 때 빛의 파장을 측정하는 대신 _____,
   _____, _____의 세기 차이를 통해 색을 인식한다.

5. 사람의 눈은 물체에서 직접 방출된 빛이나 물체에 의해 _____된 외
   부 빛을 통해 물체를 감지한다. 빛을 방출하지 않거나 _____시키지
   못하는 물체는 인식하지 못한다.

6. 사람은 두 눈에 들어오는 영상의 차이를 통해 물체의 _____을 인식
   한다.

7. 광통신은 _____를 통해 빛으로 디지털 신호를 전송하는 방식이며,
   과거 어떤 기술로도 불가능했던 장거리, 초고속 통신을 가능케 만들었다.

---

1. 전자기파, 진동 2. 100조, 전자 3. 레이저 4. R(빨강), G(녹색), B(파랑) 5. 산란, 산란
6. 원근 7. 광섬유

7장

식물

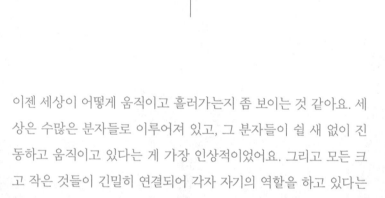

이젠 세상이 어떻게 움직이고 흘러가는지 좀 보이는 것 같아요. 세상은 수많은 분자들로 이루어져 있고, 그 분자들이 쉴 새 없이 진동하고 움직이고 있다는 게 가장 인상적이었어요. 그리고 모든 크고 작은 것들이 긴밀히 연결되어 각자 자기의 역할을 하고 있다는 것도요.

그런 깨달음을 얻었다니 보람이 있네요.

그런데 이 화분의 식물이 처음보다 많이 자란 것 아세요? 볼 때마다 속으로 궁금했어요. 도대체 식물은 뭘 먹고 이렇게 쑥쑥 크는 걸까. 사람은 음식물을 먹고 큰다지만, 이 식물은 물 말고 딱히 먹는 게 없잖아요. 흙을 먹을까요?

흙 속의 영양분을 일부 흡수하겠지만, 흙의 양이 거의 줄어들지 않은 걸 보면 흙 자체가 몸의 재료가 되는 건 아닌 게 확실해요.

그럼 식물의 몸은 어디서 생기는 거죠? 없던 물질이 새로 생겨나지는 못한다고 하셨잖아요.

우리 몸이나 초와 마찬가지로 식물의 줄기나 잎도 탄소, 수소, 산소가 주성분이죠.

물에서 산소와 수소는 얻을 수 있겠네요. 근데 탄소는 어디서 얻을까요?

학교에서 배운 광합성을 떠올려보세요. 식물은 이산화탄소와 물로부터 탄화수소 화합물을 만든다고 배우지 않았나요?

맞아요. 광합성이 있었죠!

식물은 광합성 과정에서 이산화탄소와 물을 먹고 자라는 겁니다. 자동차도 공장도 그리고 우리 몸도 물질을 태워서 끊임없이 이산화탄소를 만들어내는데, 그럼에도 불구하고 이 지구가 이산화탄소로 가득 차지 않은 것은 식물의 광합성 덕분이죠.

이 보들보들한 이파리와 분홍빛 꽃잎이 공중의 이산화탄소와 물만

광합성: $H_2O + CO_2$ + 빛 ➡ (탄화수소 화합물) + O_2

연소 : $H_2O + CO_2$ + 열 ⬅ (탄화수소 화합물) + O_2

연소와 광합성 광합성은 연소와 반대로 작동한다.

가지고 만들어졌다는 거죠? 인간과 도시가 배출한 쓰레기나 다름 없는 그 이산화탄소로부터 이런 아름다운 꽃과 소중한 산소가 생겨나다니 믿기지 않아요. 왜 과학 시간에 광합성을 배우고도 이 사실을 몰랐을까요?

교과서에 보면 '탄소 고정'이라고 나와 있긴 하죠.

'탄소 고정'이라니, 무슨 사자성어 같아요. 그러니 기억에 남을 리가 없죠. 저 같으면 '식물, 버려진 공기로 몸을 만들다'라고 단원 제목을 짓겠어요.

그 제목, 맘에 쏙 드는데요.

근데 이상한 점이 있어요. 연소가 맹렬하게 일어나는 이유는 탄화수소 화합물이나 산소에 비해 물과 이산화탄소가 특별히 안정한 물질이기 때문이라고 하셨잖아요. 그렇게 단단하게 결합된 물과 이산화탄소를 식물은 어떻게 다시 떼어낼 수 있죠?

그게 광합성의 또 다른 놀라운 점이죠. 식물은 빛에너지를 이용해서 그 일을 합니다. 특히 빛에너지를 화학에너지로 바꾸는 변환 효율이 대단히 높아서 태양전지보다 훨씬 우수합니다. 광합성을 이해하고 그 원리를 응용하는 일이야말로 과학계의 큰 관심 중 하나죠. 단단한 조각이 되어 흩어져버린 물과 이산화탄소를 모아다가 다시 탄화수소 화합물을 만들어내니까 언뜻 보면 엔트로피가 줄어드는 것처럼 보이기도 하는데, 그만큼 엔트로피가 낮은 빛에너지를 소모하는 것이니 열역학 제2법칙을 어기는 것도 아닙니다.

또 질문이요. 풀잎이 초록색으로 보이는 것은 가시광선에서 초록빛을 흡수하지 않고 다시 반사하기 때문이라고 하셨잖아요. 초록은 가시광선 중에서 가장 중앙에 있는 색이니까 오히려 가장 많이 흡수해서 광합성에 활용해야 하지 않나요?

저도 최근에 알게 된 사실인데, 광합성은 보통 두 단계로 이루어지고 각 단계에서 붉은빛과 푸른빛을 각각 사용한다고 합니다. 그래서 덜 활용되는 초록빛만 남게 된 것이죠.

우리는 '녹색' 하면 숲과 자연을 떠올리는데, 사실 숲은 녹색 빛을 덜 선호한다는 얘기네요. 어쨌든 식물이 이산화탄소를 없애준다니 온난화를 막으려면 식물을 많이 심어야겠어요.

그래요. 산이나 논밭에서 풀과 나무가 자라는 만큼 공중에서 이산화탄소가 수거되고 있다고 보면 됩니다. 나무 1톤이 생겨나면 이산화탄소 약 1톤이 제거되는 셈이죠.
그뿐만 아니라 식물이 한낮의 뜨거운 햇빛을 이용해서 광합성을 하기 때문에 태양열을 흡수하는 효과도 있고, 땅에서 흡수한 물을 잎에서 증발시킬 때 기화열에 따른 추가 냉각 효과도 있습니다.

식물이 공기청정 역할을 한다는 이야기도 들은 것 같은데요.

네. 잎의 기공으로 미세먼지를 흡수한다고 알려져 있죠. 화분 한두 개로 그런 효과를 감지하기는 힘들지만, 숲이 주는 정화 효과는 상당합니다.

예전에 영화를 보니까 화성에서 산소를 얻기 위해 식물을 키우는 장면이 나오던데, 식물이 만들어내는 산소는 어느 정도인가요?

한 사람이 마시는 산소를 만들어내려면 대략 1만 장의 잎이 필요하다고 합니다. 천 개의 이파리를 가진 나무 열 그루 정도가 있어야겠네요.

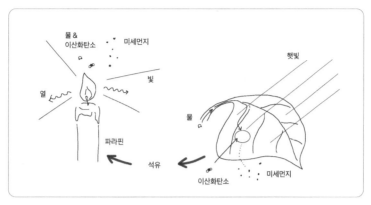

촛불과 풀잎 햇빛과 식물에 의해 지구의 물질과 에너지가 순환한다.

아, 저 산의 나무들이 모두 우리들의 산소호흡기인 셈이네요.

우리가 이 책의 첫 장에서 다룬 촛불과 식물을 나란히 비교해 보면 흥미롭습니다. 양초의 재료인 파라핀은 식물이 썩어서 생긴 석유로부터 얻은 것인데 이 파라핀을 태울 때 광합성과 반대의 작용이 일어나거든요.

그렇다면 촛불에서 나오는 빛과 열은 수억 년 전 풀잎에 내리쬐던 햇볕이 되살아난 거네요.

첫 시간에는 촛불이 아름다워서 멍하니 바라보았는데…. 대기압, 눈송이, 에어컨, 스마트폰 모두가 다 신기하고 놀랍지만, 식물에서 일어나는 일만큼 경이롭지는 않은 것 같아요. 힘없이 내 발에 밟히는 식물이 실은 지구에서 가장 위대한 존재라는 걸 알게 되었어요.

과학을 조금이라도 배운 사람이라면 결코 식물을 하찮게 대하지 못할 것입니다.

그런데 벌써 이야기가 마무리되었나요? 물리라고 하면 뉴턴이니, 상대성이론이니, 양자역학 같은 게 나올 줄 알았는데.

탐구심이 발동하는 것을 보니 이젠 그 주제의 이야기를 들을 준비가 된 것 같네요. 아쉽지만 그 이야기는 후편에서 이어가도록 하겠습니다.

정리

당신은 식물을 어떻게 표현하고 싶습니까?

식물은 _____다.

왜냐하면 _____ 때문이다.

익숙한 것들의 마법, 물리 1

글·그림 황인각

1판 1쇄 펴냄 2021년 2월 26일
1판 4쇄 펴냄 2024년 4월 29일

펴낸곳 곰출판
출판신고 2014년 10월 13일 제2024-000011호
전자우편 book@gombooks.com
전화 070-8285-5829
팩스 02-6305-5829

ISBN 979-11-89327-10-1 03420